市場調查與預測實訓教程

呂小宇 主編 梁抒 副主編

前 言

隨著經濟全球化的推進和消費者意識的提高，促使企業對信息產生了更高更廣的需求，企業的行銷決策人員需要對消費者的消費習慣和趨向有更準確、更深入的瞭解、把握。市場調查與預測作為一項有效的行銷工具，有助於企業管理人員準確把握市場動向及消費者需求，為企業開展市場銷售提供信息，為決策者提供決策依據。

傳統的市場調查與預測實驗課程和實訓課程，通常由教師布置一些調查主題，然後學生自行收集資料並撰寫調查報告。這種走馬觀花的實訓教學只能給學生以感性的認識和直觀的瞭解，無法讓學生學以致用、親身實踐。如何縮小理論教學與實際能力之間的差距，讓學生在有限的學習時間內體會不同行業的市場調研方法，從理論意識和實踐能力上都對市場調研有一個清晰、明確的認識；能敏銳地發現企業所存在的問題或提出問題，並根據企業的問題提供市場調研方案，有效執行調研計劃，並最終提交調研報告；減輕課堂教學及實習教學中教師的工作強度。目前相應的教學手段、實驗環境、教學工具卻無法完成這樣的任務。經過多年的研究和實踐，研究者依託浙科市場調研模擬教學軟件，創立了一種全新高效的市場調查與預測實訓模式，並取得了一定的成績。為了使這門課程得以廣泛推廣，讓更多的學生和學校從中受益，在出版社的大力支持下,本書得以出版。研究者希望通過教材的出版，推廣一門實訓課程和一種教學模式，也希望拋磚引玉，收集更多對市場調查與預測實訓課程的創新意見。本門課程具有以下特點：

(1) 提升了學生對市場調查與預測的認識高度

以往的教學模式，學生更多充當的是調研員的角色，擔任數據收集和簡單分析的職責。本門課程讓學生站在市場調研項目管理者的高度，承擔項目組織、市場調研策劃、人員選拔培訓、預算安排等職能。學生能以更加宏觀的角度認識市場調研項目的開展。

(2) 增加了師生交流互動

以往的教學模式，教師在布置調研任務後會採用階段性集中授課等方式指導學生開展市場調研。這種模式延長了市場調研週期，學生調研進度難以把控，學生遇到問題不能及時得到教師的指導，問題的修正效果不能及時得到教師的反饋，知識難以共享。本門課程採用在線互動的方式，教師可以隨時審查學生的調研進度，也可以在一個實驗階段完成後對學生的成果進行批閱。

(3) 豐富了市場調研實訓內容

本門課程不僅完成了一個市場調研項目從開始到結束的實訓內容，同時還可以開展在線案例分析、在線考試等內容，從而達到讓學生理論與實踐相結合的目的，是理論教學的有效補充。此外，本門課程也提供在線問卷撰寫，題庫中的多種題型和題目編寫方式開拓了學生的思維，提高了問卷編寫效率和質量。

(4) 規範了學生對市場調研的操作

市場調查的步驟是縝密嚴謹的，但是學生往往會根據自己的喜好或難易程度來開展市場調研流程。本門課程的市場調研項目實踐實驗一共分為三個階段，每個階段均有若干個步驟，這些步驟均為層次遞進關係，前一步驟實驗完成之後，才能開始後一步驟的實驗。這樣可以培養學生良好的習慣，規範市場調研操作。

(5) 實訓效果廣泛認同

市場調查與預測實訓讓學生全面實踐了課堂所學的知識，加深了學生對市場調查與預測的認識，強化了學生市場調查與預測的操作技能。從教師的角度，市場調查與預測實訓提升了理論教學效果，提高了實驗實訓的質量和效率，簡化了教師的工作內容。重慶郵電大學經濟管理學院開展這一實訓活動以來，獲得了歷屆師生的熱烈歡迎和好評。

本書在體現上述特色的同時還具有通俗易懂、生動活潑、易於操作的特點，教材融入了重慶郵電大學經濟管理學院實驗創新項目組多年的經驗，以大量的實例對市場調查與預測實訓進行了內容補充和操作優化，取得良好的教學效果。

編　者

目 錄

1 市場調查與預測實訓課程概述 /1
    1.1 課程開設背景 /1
    1.2 課程特點 /1
        1.2.1 提升了學生對市場調查與預測的認識高度 /1
        1.2.2 增加了師生交流互動 /2
        1.2.3 豐富了市場調研實訓內容 /2
        1.2.4 規範了學生對市場調研的操作 /2
        1.2.5 實訓效果廣泛認同 /2
    1.3 課程理論基礎 /2
    1.4 課程實訓程序 /3
        1.4.1 模擬企業搭建 /3
        1.4.2 進行調研軟件上機操作（8學時） /3
        1.4.3 數據分析（4學時） /3
        1.4.4 報告撰寫與陳述（4學時） /3
        1.4.5 實訓課程考核 /3
    1.5 本章小結 /4

2 市場調查與預測理論回顧 /5
    2.1 市場調查與預測理論概述 /5
        2.1.1 市場調查的含義 /5
        2.1.2 市場預測的含義 /5
        2.1.3 市場調查與市場預測的關係 /5
    2.2 市場調查的內容 /6
        2.2.1 企業行銷宏觀環境研究 /6
        2.2.2 市場競爭狀況的調查和預測 /6
        2.2.3 市場需求調查 /7
        2.2.4 消費者行為調查 /8

2.3 市場調查的類型　　/ 10
　　2.3.1　探索性調研　　/ 11
　　2.3.2　描述性調研　　/ 11
　　2.3.3　因果關係調研　　/ 12
　　2.3.4　預測性調研　　/ 13
2.4 市場調查方法　　/ 13
　　2.4.1　二手資料收集法　　/ 13
　　2.4.2　詢問調查法　　/ 14
　　2.4.3　實驗調查　　/ 16
　　2.4.4　觀察法　　/ 17
2.5 市場調查的程序　　/ 18
2.6 小結　　/ 19

3 市場調研軟件操作　　/ 21

3.1 軟件介紹及安裝　　/ 21
3.2 登錄與註冊　　/ 22
　　3.2.1　學生註冊　　/ 22
　　3.2.2　學生登錄　　/ 23
3.3 頁面介紹　　/ 24
　　3.3.1　題庫管理　　/ 25
　　3.3.2　人才庫管理　　/ 27
　　3.3.3　調研網管理　　/ 28
　　3.3.4　案例分析　　/ 29
　　3.3.5　在線作業　　/ 33
3.4 實驗管理　　/ 35
　　3.4.1　第一階段　　/ 36
　　3.4.2　第二階段　　/ 47

3.4.3　第三階段　/ 57
　　　3.4.4　查看教師評語　/ 59
　3.5　教師實驗準備　/ 60
　　　3.5.1　建設網路實驗室　/ 60
　　　3.5.2　搭建實驗環境　/ 60
　3.6　本章小結　/ 64

4　數據整理與分析　/ 65
　4.1　Excel 軟件介紹　/ 65
　4.2　單變量的數據集中趨勢分析　/ 66
　　　4.2.1　平均值　/ 66
　　　4.2.2　中位數　/ 67
　　　4.2.3　眾數 MODE　/ 69
　4.3　單變量的數據離散程度分析　/ 70
　　　4.3.1　方差 STDEV 指令　/ 70
　　　4.3.2　頻率 FREQUENCY 指令　/ 72
　　　4.3.3　四分位點內距 QUARTILE 指令　/ 74
　4.4　常見的多變量分析　/ 76
　　　4.4.1　簡單相關分析　/ 76
　　　4.4.2　迴歸分析　/ 78
　　　4.4.3　方差分析　/ 80
　4.5　其他分析　/ 82
　　　4.5.1　隨機數的產生　/ 82
　　　4.5.2　指數平滑　/ 82
　4.6　本章小結　/ 84

5 市場調研報告的撰寫與陳述 / 86

5.1 調研報告的注意事項 / 86
 5.1.1 根據閱讀對象撰寫調研報告 / 86
 5.1.2 完整性與簡潔性並存 / 86
 5.1.3 結論必須有數據支撐 / 86

5.2 調研報告的結構 / 87
 5.2.1 前言 / 87
 5.2.2 正文 / 89
 5.2.3 附錄 / 94

5.3 市場研究報告的陳述與演示 / 95
 5.3.1 陳述和演示的準備 / 95
 5.3.2 演示與陳述的注意事項 / 95

5.4 本章小結 / 96

6 市場調查與預測實訓考核 / 97

6.1 課程考核方案 / 97
 6.1.1 考核方案說明 / 97
 6.1.2 考核指標 / 97
 6.1.3 考核細則 / 98

6.2 考核實施 / 100
 6.2.1 實訓成果 / 100
 6.2.2 實訓時間安排 / 101
 6.2.3 課程材料 / 101

6.3 本章小結 / 102

附錄1　學生自信心與學習興趣程度 / 103

參考文獻 / 109

1　市場調查與預測實訓課程概述

市場調查與預測實訓是為了配合市場調查與預測的理論課程而開設的實驗課。通過本課程，使學生能夠運用所學的市場調查與預測的基本原理和方法解決市場實際問題，能夠完成一個全過程的市場調研項目，培養學生分析問題和解決實際問題的能力。

1.1　課程開設背景

美國數學家 C. E. 香農（1948）在《通信的數學理論》中指出，信息是用來消除隨機不定性的東西的。在經濟管理學家看來，信息是提供決策的有效數據。而市場調查與預測的核心功能就是信息的收集和利用。因此該課程不僅應用於市場行銷領域，也可以應用於其他管理領域，甚至日常生活領域。

市場調查與預測課程不僅是理論知識的傳授，也要求學生通過實踐掌握調研技能。一個合格的市場調研人員能夠敏銳地發現企業所存在的問題或提出問題，能夠確定調研課題、收集資料的範圍、調研目的、調研人員，選擇合適的調研工具與方法、調查樣本、制定市場調研經費與時間預算方案、行銷計劃，能夠有效執行調研計劃，並最終撰寫調研報告。研究者可以通過開設市場調查與預測實訓課程，將理論與實踐相結合，並對教學手段、實驗環境、教學工具、教學理念進行創新，從而達到培養合格調研人才的目的。

1.2　課程特點

市場調查與預測實訓課程經過了實驗項目小組近15周的開發，並且經過多年的學生使用和意見反饋，已經使之成為一種全新、高效的實訓教學模式。這一實訓模式具有以下特點：

1.2.1　提升了學生對市場調查與預測的認識高度

以往的教學模式，學生更多充當的是調研員的角色，擔任數據收集和簡單分析的職責。本門課程讓學生站在市場調研項目管理者的高度，承擔項目組織、市場調研策劃、人員選拔培訓、預算安排等職能。學生能以更加宏觀的角度認識市場調研項目的開展。

1.2.2 增加了師生交流互動

以往的教學模式，教師在布置調研任務後會採用階段性集中授課等方式指導學生開展市場調研。這種模式延長了市場調研週期，學生調研進度難以把控，學生的問題不能及時得到教師指導，問題的修正效果不能及時得到教師反饋，知識難以共享。本門課程採用在線互動的方式，教師可以隨時審查學生的調研進度，也可以在一個實驗階段完成後對學生成果進行批閱。

1.2.3 豐富了市場調研實訓內容

本門課程不僅完成了一個市場調研項目從開始到結束的實訓內容，同時還可以開展在線案例分析、在線考試等內容，從而達到讓學生理論與實踐相結合的目的，是理論教學的有效補充。此外，本門課程也提供在線問卷撰寫，題庫中的多種題型和題目編寫方式開拓了學生的思維，提高了問卷編寫效率和質量。

1.2.4 規範了學生對市場調研的操作

市場調查的步驟是縝密嚴謹的，但是學生往往會根據自己的喜好或難易程度來開展市場調研流程。本門課程的市場調研項目實踐實驗一共分為三個階段，每個階段均有若干個步驟，這些步驟均為層次遞進關係，前一步驟實驗完成之後，才能開始後一步驟的實驗。這樣可以培養學生良好的習慣，規範市場調研操作。

1.2.5 實訓效果廣泛認同

市場調查與預測實訓讓學生全面實踐了課堂所學的知識，加深了學生對市場調查與預測的認識，強化了學生市場調查與預測的操作技能。從教師的角度，市場調查與預測實訓提升了理論教學效果，提高了實驗實訓的質量和效率，簡化了教師的工作內容。重慶郵電大學經濟管理學院這一實訓活動開展以來，獲得了歷屆師生的熱烈歡迎和好評。

本書在體現上述特色的同時還具有通俗易懂、生動活潑、易於操作的特點，教材融入了重慶郵電大學經濟管理學院實驗創新項目組多年的經驗，以大量的實例對市場調查與預測實訓進行了內容補充和操作優化，取得良好的教學效果。本書不僅適合工商管理類本科學生使用，也適合專科高職學生使用。

1.3 課程理論基礎

市場調查與預測實訓涉及多方面的課程和理論，其中一部分最好是所有學生必須提前掌握的，一部分是學生根據自己所選擇的調研主題而掌握的。

（1）市場行銷學：市場行銷環境、消費者市場購買行為分析、產品策略、定價策略、分銷策略、促銷策略。

（2）市場調查與預測：市場調查步驟、市場調查方案、市場調查方法、調查抽樣。

（3）統計學：單變量的描述統計分析、相關分析、迴歸分析、因子分析、聚類分析、假設檢驗、卡方檢驗等。

上述課程和理論是所有學生最好提前掌握的，為了讓更多沒有相關基礎的同學盡快掌握實訓內容，本書在第二章也對部分重要理論進行了回顧和概述。

（4）消費者行為學：消費者決策模型、影響消費者購買的因素、消費者購買行為。

（5）企業管理：企業管理的基本框架，如人力資源管理、行銷管理、決策管理、生產管理。

（6）客戶關係管理：客戶滿意、客戶忠誠、客戶讓渡價值、客戶挽留、客戶細分。

（7）廣告學：廣告調研、廣告效果評估、廣告媒體策略、消費媒體接觸習慣。

1.4　課程實訓程序

實訓課程中所需要歷經的步驟和相關學時如下：

1.4.1　模擬企業搭建

本著自願原則成立模擬市場調研企業，每個企業一般為5~7名學生。根據企業的有關職能進行協作分工，包括項目經理、研究員、諮詢師、市場調研員等。每名參加實訓的學生只能加入一個企業並負責相應的崗位職責。

1.4.2　進行調研軟件上機操作（8學時）

在浙科市場調研模擬教學軟件上完成學生註冊和企業註冊，並根據指導教師開放的實驗選擇調研主題。根據調研主題完成教學軟件中實驗管理模塊，即三個實驗階段。該部分內容將在第三章進行介紹。

1.4.3　數據分析（4學時）

學生可以通過模擬教學軟件在線上發布問卷並由軟件自動分析數據。除此之外，如需通過面訪、電話或郵件方式進行市場調查的，學生應通過其他統計分析軟件進行數據分析。該部分內容將在第四章進行介紹。

1.4.4　報告撰寫與陳述（4學時）

學生根據調查各公司所得的事實材料和數據分析對所研究的問題，做出系統性的分析說明，並得出結論性意見。調查報告要求為PPT格式或PDF格式，以便學生進行陳述。該部分內容將在第五章進行介紹。

1.4.5　實訓課程考核

教師在學生結束報告陳述後，根據學生實訓過程表現和實訓成果進行考核。

考核應本著公平公開和激勵優秀的原則，將定性與定量相結合。該部分內容將在第六章進行介紹。

1.5　本章小結

本章是對市場調查與預測實訓課程的概述，介紹了實訓課程所具備的特點，回顧了實訓課程所運用的課程及理論，說明了實訓課程的主要環節和步驟，以及實訓課程最終應達到的效果。

練習與思考

1. 你認為市場調查與預測對你以後的生活和工作有哪些幫助？
2. 你希望從本次實訓中收穫什麼？
3. 你對什麼樣的市場調查主題感興趣？

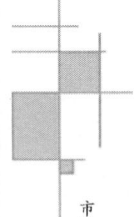

2　市場調查與預測理論回顧

2.1　市場調查與預測理論概述

2.1.1　市場調查的含義

市場調查就是運用科學的方法，系統地收集、記錄、整理和分析有關市場的信息資料，從而瞭解市場發展變化的現狀和趨勢，為市場預測和經營決策提供科學依據的過程[①]。

2.1.2　市場預測的含義

市場預測是在市場調查的基礎上，借助一定的經驗和預測技術，對市場未來的發展趨勢做出判斷的過程[②]。

2.1.3　市場調查與市場預測的關係[③]

市場調查與預測在流程上是可以分割的，但是在結果的應用上是密不可分的。一般而言，市場調查是市場預測的基礎，市場預測又是市場調查的延續和提升。具體表現在以下幾個方面：

（1）市場調查可以幫助市場預測明確目標。企業面臨的問題是紛繁複雜的，可以通過市場調查突出主要矛盾，從而為企業進行市場預測指明方向。

（2）市場調查可以為市場預測提供數據支撐。為了提高預測的準確性，市場預測需要大量的信息，而市場調查承擔著收集歷史資料和一手信息的職責。

（3）市場調查可以補充豐富市場預測的方法。市場預測的許多方法是在市場調查方法的基礎上借鑑、發展形成的，如市場預測的「專家判斷法」。

（4）市場調查可以驗證和修訂市場預測的結果。在做出市場預測後，也可以通過後續市場調查獲取新信息，對已有的預測結果進行修正。

[①]　周筱蓮. 市場調查與預測［M］. 北京：外語教學與研究出版社，2012：47.
[②]　周筱蓮. 市場調查與預測［M］. 北京：外語教學與研究出版社，2012：47.
[③]　馬連福，張慧敏. 現代市場調查與預測［M］. 北京：首都經濟貿易大學出版社，2012：15.

2.2 市場調查的內容

市場調查是為了解決企業所遇到的問題，企業涉及的問題不同，調查內容也不相同。為了簡化調查難度，充分利用已有市場調查成果，研究者將調查內容劃分為以下幾種類型：

2.2.1 企業行銷宏觀環境研究

菲利普·科特勒認為：「行銷環境由行銷以外的那些能夠影響與目標顧客建立和維持成功關係的行銷管理能力的參與者和各種力量所組成。行銷環境同時提供機會和威脅。」[1] 行銷環境是企業難以控製的力量，並且對企業產生巨大的影響，因此企業必須密切關注行銷環境的變化，否則企業可能會迅速面臨經營失敗的風險。比如，諾基亞公司就忽略了行業環境的變化，沒有意識到蘋果公司的服務取勝的模式替代了硬件為王的模式，很快就從行業第一淪落到破產的境地。

企業行銷環境分為內部環境與外部環境。內部環境包括公司使命、公司發展戰略、公司資源狀況、公司業績表現、在相關業務上的競爭戰略。外部環境分為宏觀環境和微觀環境。其中宏觀環境包括經濟、人口、社會文化、科技、政治、自然；微觀環境包括供應商、行銷中間商、公眾、競爭者和顧客。對內部環境的調查可以通過公司內部資料完成，對外部環境的調查可以通過國家統計局、行業協會、已公開的調查報告等二手資料進行瞭解。內部環境是企業行銷活動的制約因素，外部環境是市場走向的指標。比如，根據人均國民收入可以預測汽車消費的快速增長，而人口老齡化指標又可以預測和銀發經濟有關的行業增長。國民收入的分配指標可以告訴研究者消費者的需求是必需品還是奢侈品。

2.2.2 市場競爭狀況的調查和預測

市場行銷從來都是在競爭狀態下進行的，只有知曉對手的情況，才能制定出合適的行銷策略以保持和爭取競爭優勢。邁克波特的五力模型比較全面地描述了各種形式的競爭對手，見圖 2.1。因此，對市場競爭狀況的調查和預測也可以圍繞著新進入者、供應者、購買者、替代者和業內競爭者展開。

（1）業內的競爭者，是指同一行業的競爭對手。業內的競爭狀況可以從壟斷程度、規模經濟和產品差異化程度三個方面來分析，這些因素決定了業內競爭方式和競爭的激烈程度。

描述壟斷程度的指標包括產品集中度系數、洛侖茲曲線、基尼指數和赫希曼—赫芬達爾系數。產品集中度系數表示行業內前四和前八的企業在銷售額、資產或者員工在全行業的占比，由於它只計算前面的幾個企業，不能反應其他企業的情況，也不能反應產品差異和市場份額對壟斷程度的影響。洛侖茲曲線和基尼指

---

[1] [美] 菲利普·科特勒. 市場行銷原理（亞洲版）[M]. 何志毅，譯. 2版. 北京：機械工業出版社，2010：42.

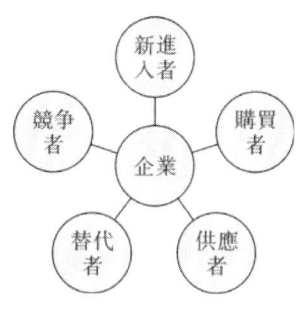

圖 2.1

數可用於衡量行業內企業擁有資源的差異程度，但它們都不能衡量同等體量的企業的規模，比如，兩家等體量的企業的基尼指數和 100 家等體量的企業的基尼指數是完全一樣的，但兩種情況的行業壟斷程度完全不一樣。赫希曼—赫芬達爾系數可以彌補前三種系數的缺陷，它求的是行業內所有企業的市場份額平方和，系數越高，則壟斷程度越高，這種計算方式考慮了所有企業的市場份額，但數據收集和計算量都比較巨大。

規模經濟也是反應行業競爭程度的重要數據，規模經濟越大，競爭便會越激烈，因為企業都希望通過擴大自身的規模來降低成本，規模經濟的數據需要知道產量和成本數據，可以從企業內部的數據獲取。

產品差異化程度可以通過對消費者的認知調查來獲得數據，不管企業如何定位，關鍵還是看消費者對它的形象認知。品牌知覺圖一類的工具可用於產品差異化的分析，可以使用 SPSS 中的對應分析工具來繪製品牌知覺圖。

（2）供應者，是指企業的上游供應企業。由於供應者可以通過提高其投入要素價格與降低單位價值質量的能力，來影響行業中現有企業的盈利能力與產品競爭力，因此需要注意收集的信息包括供應商是否有前向一體化的動向，是否有多個買家以及多個供應商之間的產品差異程度。

（3）新進入者和替代者是最容易被忽視的調查對象，一些企業沉迷於自己的現有成功而缺乏對環境變化的敏感，一些企業沒有事前準備而無法適應行業的劇烈變化，還有一些企業對進入退出壁壘認識不足而錯誤地判斷了未來。比如，當諾基亞對蘋果那種很容易摔壞的手機嗤之以鼻的時候，它根本沒有想到手機的競爭已經從機器質量的競爭變成網路服務的競爭。

（4）買方，是指企業產品或服務的購買者，既包括最終消費者，也包括企業的渠道中間商。在考慮買方的議價能力時，更多地考慮渠道中間商。效率模板是一種瞭解渠道成員在渠道中產生的價值，它描述了：①渠道成員所做的工作種類和數量；②每一個成員對於提供消費者服務產出的重要性；③每個成員能分享到的渠道利潤。

2.2.3　市場需求調查

目標市場的需求是市場行銷的目標和方向，市場行銷就是為了滿足目標顧客

的需求，因此，市場需求調查是市場調查非常重要的內容。人口、購買力和購買動機三個因素被稱為需求構成三要素。需求構成調查需要收集以下信息：地區人口數量、人口發展趨勢、社會購買水平、居民收入水平、對企業產品的購買慾望和購買原因等因素。

（1）產品。由於產品的範圍是廣泛的，因而企業在進行需求測量時，應明確規定產品的範圍。

（2）總量。它通常直接標明了需求的規模。可以用金額表示，也可以使用實物單位指標。

（3）消費者群。在對需求加以測量時，要分別對各細分市場的需求加以確定，而不宜僅著眼總市場的需求。

（4）地理區域。不同地域往往在需求上存在差異，因此，測量需求時必須以明確的地理區域為基礎。

（5）時間週期。在進行市場需求調研時，必須以明確的時期為限。

（6）行銷環境。在進行市場需求預測時，必須注意對行銷環境影響因素的相關分析。

（7）實際購買。只有最終進行購買的需求，才是真正的市場需求。

（8）企業的行銷活動。應考慮企業的行銷活動對需求變動的可能影響。

在新產品上市之前，企業通常都會進行需求調查。值得注意的是，對於現有產品，企業也有必要進行需求調查。比如產品可以劃分新的細分市場，或者觀測消費者偏好的變化或者行銷傳遞信息的準確性。

臺灣某茶葉企業目前的顧客主要集中在40歲以上的男性，準備將成年女性作為新的目標市場。通過調查成年女性的市場規模，該市場在飲料產品上的花費，該市場顧客經常選擇的飲料，該市場對飲料的態度，該市場對茶飲料的態度等信息，成功地向該市場推出了花卉紅茶和生姜紅茶。

某電信營運商每五年便會對未來五年的需求變化進行調查，它往往會參考過去的變化數據，比如，根據過去的市場需求變化做需求變化曲線，並根據曲線趨勢找到未來時點的需求，同時也會參考消費者的收入變化，滿意度變化對趨勢進行調整，比如，在滿意度下降的時候未來市場的增長就可能放緩。

2.2.4　消費者行為調查

對消費者調查是最為複雜的一類，人的心理是不具備直接外顯的思維黑箱，未來行為也很難預測，但對消費者行為的假設確實是企業制定行銷戰略的一個基礎。對消費者購買行為調查通常可採用「四O五W分析法」進行分析，即購買對象（objects）、購買組織（organizations）、購買目的（objectives）和購買方式（operations）。

購買對象（objects）：這些人購買什麼樣的產品？

購買目的（objectives）：這些人為什麼要購買這些產品？

購買組織（organizations）：購買者，構成市場的是哪些人？這些人在購買決策中扮演什麼角色？

购买方式（operations）：购买行动，这些人以怎样的方式购买商品？购买时间，这些人在什么时间购买商品？购买地点，这些人在什么地点购买商品？

消费者购买模式通过图2.2可清晰地展示出来：

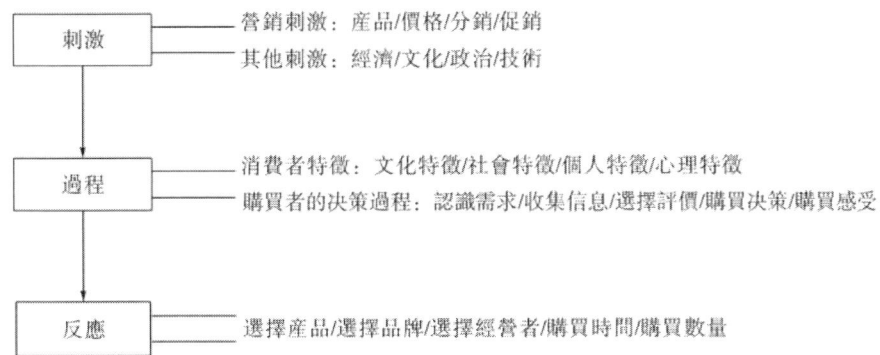

图 2.2

近年来，网路大数据对消费者行为调查发挥了巨大的作用，大有取代传统调查的趋势。网路大数据调查准确度高，成本低，时间快。电子商务公司很早就开始根据消费者已经购买的商品和已经浏览的网页向消费者推荐可能感兴趣的商品。而通过对消费者媒体使用习惯的调查判断消费者的个性已经达到相当高的准确率，也可以通过对点赞内容的分析来判断消费者个性。行销者通过大数据也许能知道数据的结果，但是对消费者判断标准和逻辑的变化过程未必清楚，所以，在大数据研究以外的传统研究方式仍然是有用的。

示例2-1　加利福尼亚鳄梨行销[①]

在行销者试图促进美国加州鳄梨的消费者购买更多鳄梨时，他们组织了一系列小型集中小组访谈，这一系列调查将重点放在两个消费群体，一是主销区的轻度和中度消费者，一个是目前消费量很小的区域。调查对象主要是由年龄在35~49岁的女性组成，他们是家庭食品的主要购买者。基于上述调查和其他一些研究，研究者们找到了消费者消费鳄梨的动机，消费鳄梨不仅来自于它的美味，而且缘于消费时的情绪和情境。消费者认为鳄梨的自然属性有口味、绿色、含蓄的场景、含蓄的用法、独一无二、加利福尼亚式的「愿望」。而不同的自然属性会激发消费者的情感和对使用场景的设定，比如，鳄梨的口味美味而带奶酪味，这让消费者产生了潇洒和特别的自我感觉。而含蓄的场景让人想起喜庆的、感觉很好的、有趣的、轻松愉快的、幸福的场景。

对于现有鳄梨的购买者而言，购买障碍源于过高的价格，含有过高的脂肪，而且只适合特殊的场所。对非购买者而言，实际上没有在零售店购买过鳄梨，但他们很多人在餐馆吃过鳄梨，都认为鳄梨味道不错，他们和鳄梨的购买者一样拥

[①] [美]德尔I.霍金斯.消费者行为学[M].符国群，等，译. 10版.北京：机械工业出版社，2007：395.

有某些情感反應，阻礙他們購買的原因和購買者完全相同；另外，他們不知道如何挑選鱷梨，例如，如何選擇今天就食用的鱷梨和三四天後食用的鱷梨，也不知道如何去皮和烹飪。

　　直到現在，在美國除了東北部可以從墨西哥進口鱷梨和南部的佛羅里達出產鱷梨外，加利福尼亞鱷梨還沒有遇見直接的競爭，但隨著貿易壁壘的拆除，競爭者可能蔓延到全國和其他國家。因此，加利福尼亞的鱷梨委員會希望能為產品建立起有力的品牌形象，在商店裡，鱷梨在和其他240種產品為爭奪人類胃口份額進行競爭。

　　根據調查結果和正在變化的競爭環境，兩套方案被設計出來，一套是針對核心行銷區的輕度和中度消費者，另一套是針對輕度食用區的未購買者。

　　第一套方案的目標消費者是：中度到輕度的消費者，女性，25～54歲，中高等收入的家庭和單身購買者，這些個體經常上街購物，整天忙於採購卻沒有時間準備美味的食品。她們喜歡購買各種東西，並把各種新鮮自然的東西加進食譜，她們對鱷梨的感覺特別豐富，除了口感體驗外，對鱷梨還滋生出豐富的聯想——快樂、有趣、喜慶的、戶外的、天然的、快樂的、滿意的、美味的、乳酪一般的、特別的、感覺很好、輕鬆愉快的等。方案利用與鱷梨相聯繫的自然和心理的因素，有效激發消費者對鱷梨的慾望，從而擴大消費量。為此，要特別強調加利福尼亞盛產最優質的鱷梨。同時要為加利福尼亞鱷梨塑造一種有趣、天然、美味、健康和可口的形象。看過廣告後，消費者應形成這種想法「我喜歡加利福尼亞鱷梨！」

　　方案二的目標群體和核心區差不多一樣，只是鱷梨並非他們採購清單中的一部分。為了避免過度競爭，行銷者要把加利福尼亞鱷梨和佛羅里達鱷梨區別開來，方案要強調「我知道我喜歡的是加利福尼亞鱷梨，現在我可以很方便地在家中享用它的美味了。」「因為它們很容易挑選、購買和食用，尤其是它們的味道無與倫比！」廣告中的主角把鱷梨剁碎做沙拉或其他美味食品，比如鱷梨火雞三明治。廣告不僅僅要強調加利福尼亞鱷梨與眾不同的美味和容易挑選，而且要教會消費者方便地使用鱷梨做食品。

　　而在中國，鱷梨很少在商場銷售，而且就算有銷售，也很少有人購買，人們甚至不認識這是什麼水果，也不知道如何使用，有時候超市使用折扣的方式促使人們購買，但操作式條件反射對這些認為鱷梨的口感很差的消費者來說可能起到了反作用。當然，也有些到西方留學回來或者行為洋派的人會購買鱷梨，在他們看來，這是區別他們和普通消費者的一種食品，他們購買的不僅是健康，而且更是一種身分和品位。但鑒於這群消費者的稀少和分散，迄今為止，經銷商也沒有大規模的針對中國消費者的以促進銷售為主的行銷活動。

2.3　市場調查的類型

　　市場調查按照不同的劃分標準可以有多種分類，比如按照調查地域劃分為國內調查和國際調查，按照調查資料的收集方式分為二手資料調查和現場調查，按

照市場調查的性質劃分為四種類型：探索性調研、描述性調研、因果關係調研、預測性調研。

2.3.1 探索性調研

探索性調研就是花盡量少的時間和成本、對市場環境和相關因素進行初始的調查和分析，以便確定行銷中存在的問題的表現和可能的原因。在對陌生領域進行探討或者議題本身很新時，由於缺乏最基本的認識，可以通過探索型調研確定可能相關的變量。比如，亞馬遜在中國的發展比預計的慢，市場份額也遠遠低於京東和淘寶，研究者為了分析到底是哪些因素影響了擴張速度和市場份額的大小，首先採用了焦點小組訪談法和深度訪談法進行探索性調研。在分別進行了兩組訪談後，通過整理被訪者對亞馬遜的看法，被訪者主要提及的觀點有：從來沒有亞馬遜購買的經歷、亞馬遜的產品太少，特別是服裝；沒有看見過亞馬遜的廣告；亞馬遜的頁面設計很難看；亞馬遜的頁面在手機上操作比較困難；等等。值得注意的是，這些觀點並不能完全代表阻礙亞馬遜在中國擴張的原因。因為被調查的人員非常有限，雖然樣本經過了精心挑選，但是由於沒有數據支撐，亞馬遜應該再通過一定數量的問卷調查才能更多找到顧客有代表性的想法。

儘管探索性調研的抽樣數量很小，樣本組成相對主觀，但根據調查目的做一些計劃可以增加調查結果的價值。一般說來，探索性研究通常用於滿足三類目的：①滿足調研者的好奇心和更加瞭解某事物的慾望。②探討對某議題進行細緻研究的可行性。③發展後續研究中要使用的方法。例如，亞馬遜在舉行第一次探索性調研後，可以找出一些值得進行細緻研究的議題，比如，亞馬遜的頁面是否需要改變和如何改變？亞馬遜是否應該增加品牌的引進？在此基礎上，亞馬遜再舉行第二次探索性調研，其調研結果就會更有針對性和啟發性。

除了焦點小組訪談法和深度訪談法，二手資料法也經常用於進行探索性調研，比如，在確定亞馬遜的競爭對手時，可以根據二手資料提供的市場份額以及新聞媒體對電子商務公司的報導來進行判斷。

2.3.2 描述性調研

描述性調研的目的在於準確地描述各行銷變量及相互關係，比如客戶滿意度調查與分析、市場佔有率的調查與分析、廣告效果調查與分析、大學生消費習慣調查與分析等。

描述性調研並不等同於簡單的頻率分析，研究者需要對變量之間的關係有清晰的認識。從過去的學生實訓案例來看，絕大部分調研都涉及描述性調研，常見錯誤包括：

（1）變量與調研主題沒有關係，或者沒有闡明變量與調研主題的關係。學生在使用調查軟件的時候，往往只是簡單地使用描述功能而沒有對數據關係進行分析。例如、在一份大學生手機使用狀況的調查報告中提到：男生人數及比率、女生人數及比率、各年級學生人數及比率、各專業學生人數及比率。這些數據雖然在一定程度上可以說明抽樣樣本的代表性，但是無法說明數據和學生手機使用狀

況的聯繫。這樣的描述缺乏實際意義，會降低調研報告的研究質量。這種情況下，學生或者可以對變量的意義進行說明，或者將這些變量與其他變量結合起來進行交叉分析。

（2）變量關係假設錯誤。在進行描述性研究之前，研究者通常會做出一些變量相關的假設，以便收集數據。例如，在客戶滿意度調查中，假設客戶滿意與員工態度、服務能力、服務效果和周圍環境有關。而最後的分析結果可能顯示與有些變量並不相關。例如，在一份城市老年居民消費能力的調查報告中提到：老年女性比男性有更高的消費能力，老年女性平均消費為4,657元/年，男性為853元/年。老年女性消費按從多到少排列為服裝，日用品，保健品。該結論可能出現的錯誤是女性在家庭中具有收入支配權利，也是家庭購物的決策者和購買者。老年女性購買的日用品和保健品也可能是家庭使用。這種情況下，應該進一步調查老年女性用於自身消費的費用。

另一種情況下，當調查顯示變量之間沒有關係時，也不能放棄對彼此關係的探究，如果結果確實沒有關係，那也屬於研究的一種結論。比如，上述的大學生手機使用狀況的調查報告得出這樣的結論：學生性別與每月手機通信費用沒有顯著關係，和手機上網時長有顯著關係。男生每天手機上網時間比女生長40分鐘；男生手機上網的目的主要是打遊戲，女生手機上網的目的主要是購物。

2.3.3　因果關係調研

因果關係調研是在描述性調研的基礎上找出兩個或多個行銷變量之間的因果關係。在判斷變量之間是否具備因果關係的時候，首先，應該確定是否具有相關關係；其次，原因必須先於結果發生；最後，不是假相關，即該關係不能被第三個變量所解釋。這是證偽的思路，但是就算不能找到真正的解釋變量，不符合常識的相關也不能判斷為因果關係。

比如，經濟狀況不好的時候，婦女的裙子比較長；而經濟狀況良好的時候，婦女的裙子比較短。在統計學中，經濟危機和女人裙子的長度之間的關係被認為相關，但它們之間不能說明有因果關係。因為研究者既不能用裙子的長短來解釋造成經濟危機的原因，也很難用經濟狀況來解釋裙子長短的原因。同樣的，在經濟危機期間，口紅銷量相對經濟狀況良好時增多，兩者既有相關關係又有因果關係。研究者可以認為經濟狀況下滑是口紅銷量增多的原因，經濟危機導致購買力下降，女人無法購買昂貴的奢侈品，相對而言，價格比較低的口紅能滿足女人的愛美需求而且消費也不多。

有時候，行銷者需要在眾多相關關係中尋找真正的因果關係，這是非常困難的工作。所以，研究者經常說管理不是純粹的科學，而是一門需要直覺和經驗的藝術。但是即使是經驗豐富的專家和歷史悠久的公司也會犯錯。比如，百事可樂一度憑藉新口味的可樂在銷量上領先於可口可樂。可口可樂公司先入為主地將人們購買百事可樂的原因歸結於其更好的口感。在此情況下，可口可樂做了大量的口味測試，並且推出了新口味的可口可樂。但是市場的反應與可口可樂之前的市場調查結果正好相反。新可口可樂失敗的原因之一就是錯誤的因果推斷導致公司

做出了錯誤的決策。

2.3.4 預測性調研

預測性調研是通過收集和分析過去現在的各種信息，預測市場未來的變化趨勢。比如通過公司歷年的銷量預測次年的銷量，通過選手歷年的成績表現預測下一場比賽的成績。預測性調研的思路一般分為三種：一是對同一事物不同時間節點的數據進行收集，利用時間序列法進行預測；二是對不同事物之間的相互聯繫進行數據收集，利用因果關係法進行預測；三是利用經驗進行預測。

時間序列預測法是指利用對象的歷史時間序列數據，通過建立模型，找出事物發展變化的規律，並以此類推做出估計。時間序列預測法又可分為簡易平均法、移動平均法、指數平滑法、趨勢預測法和季節性趨勢預測法。

因果關係分析預測法是通過分析事物之間因果關係，建立數據模型，描述預測目標變量與其他變量之間的數量變化關係，從而對預測目標進行估計。常見的因果關係分析預測法包括迴歸分析預測法、技術疊加法和比例推算法等。

經驗預測實際上屬於一種定性預測的方法，根據個人的知識、經驗和能力，通過邏輯推理，分析事物過去和現在的變化規律，進而對事物發展的未來趨勢做出主觀判斷和估計。常見的定性預測法包括個人直觀判斷法、集體經驗判斷法和專家判斷法等。

2.4 市場調查方法

市場調查方法是指市場調研人員如何收集數據和資料，一般分為二手資料收集和一手資料收集。其中，一手資料的收集主要包括詢問調查法、實驗法和觀察法。

2.4.1 二手資料收集法

二手資料是指特定的調查者按照其調查目的已收集、整理的各種歷史資料。二手資料具有以下優點：①比較真實客觀；②節約成本；③調查不受時空限制；④便於對事物縱向比較。同時，二手資料也具有以下缺點：①相關性差；②部分資料難以獲得；③準確性不高；④難以保證信息的時效性。二手資料調查法是行銷者經常採用的市場調查方法，考慮到它的優缺點，在使用二手數據時需要注意以下幾個方面：

（1）測量單位一致性。二手資料所調查的測量單位與本次研究要調查的測量單位趨於一致。一致性越高，二手資料的相關性就越好。比如重慶某高校要對本校學生的心理健康狀況進行評估，就不能直接引用《重慶市大學生心理健康狀況調查報告》中的數據。因為前者的測量單位只是一個學校的大學生，而後者的測量單位是若干所高校的大學生。

（2）數據能否相互替代。有時候，為了簡化市場調查、降低信息收集的難度或者在準確性要求不高的情況下，研究人員會使用替代數據來表示市場調查中所

需要的數據。比如在收集淘寶網上某種商品的銷售數據時，研究者不必計算每個賣家的銷量情況。當前十個賣家在淘寶網上的商品銷售數量已經占到總銷售數量的 80%~90%時，研究者就可以考慮使用前十個賣家的銷售總量來替代該種商品在淘寶網上的銷售數量。如果該商品有很多中小賣家，就不能用替代數據來推測整體銷量。數據的替代性也與時間有關，在 20 年前，研究員可以用居民交通費用估計通信消費。但是在今天，兩者是不能相互替代的。

（3）數據分類是否相同。分類的一致性程度越高，二手資料可利用的效果就越好。比如，行銷者想知道和 20~40 歲的成年女性有關的消費數據，但現有的數據只有 18~25 歲少女和 25~60 歲成熟女性的數據，由於分類不同，行銷者就不能使用這種數據。

（4）數據的時效性。一般而言，時間越近的數據時效性越強。同時也要考慮研究對象的變化情況，比如 2008 年世界金融危機爆發後，就很難用 2007 年的奢侈品銷售調查報告來描述 2009 年的奢侈品銷售情況。

（5）數據來源。在使用二手數據的時候，還要考慮數據的來源是否可靠，最好是權威機構的最初報導數據，多次的引用會導致數據被省略。

2.4.2　詢問調查法

詢問調查法可以分為四種：人員訪問調查、郵寄調查、電話調查和網上調查。

（1）人員訪問調查。人員訪問調查是調查者在面對面的情況下，向被調查者提出問題，並根據回答記錄下數據。人員訪問調查又分為入戶訪問、街頭攔截訪問和留置訪問。人員訪問調查有如下優點：比較靈活、可以獲得更多數據、樣本比較完整、能控制問題順序、有觀察的機會、可以通過訪問人員激勵被訪談人員回答問題的積極性。同時，人員訪問調查有如下缺點：成本較高、對調查人員素質要求較高、由於訪問人員在現場，被訪談者在回答時有所顧忌，一些敏感的問題無法得到答案、有些回答會被干預。通常說來，人員訪談應該把敏感問題放在後面，在氣氛比較融洽和隨意的時候再提出。而調查人員的語氣和措辭都有可能影響被調查者的回答。

（2）郵寄訪問調查。郵寄訪問調查法，是指將事先設計好的調查問卷，通過郵政系統寄給被調查者，由被調查者根據要求填寫後再寄回，是市場調查中一種比較特殊的調查方法。郵寄訪問調查法主要具有以下優點：①調查費用低。②調查空間範圍大。③郵寄調查可以給予被調查者相對更加寬裕的時間作答，問卷篇幅可以較長，並且便於被調查者深入思考或從他人那裡尋求幫助，可以避免被調查者可能受到調查人員的傾向性意見的影響。④郵寄調查的匿名性較好。⑤郵寄調查適用於從那些難以面對面訪問的人遠距離獲得信息。

郵寄訪問調查法主要具有以下缺點：①問卷回收率低，因而容易影響樣本的代表性。②問卷回收期長，時效性差。③缺乏調查對象的控制。④由於問卷或許是由指定地址之外的其他人填寫，可能會出現錯誤的答覆或不真實信息。

目前採用郵寄訪問調查較多的是企業對會員或報社對讀者。對寄回問卷的消

費者給予獎勵可以增加回答的概率，但這樣也會提高調查的成本。

（3）電話訪問調查。電話訪問調查，是指調查者按照統一問卷，通過電話向被訪者提問，筆錄答案。隨著中國電話普及率的提高，電話訪問調查的應用更加廣泛。此外，CATI 技術的應用也提高了電話訪問調查的效率和準確性。電話訪問調查經濟、省時，易被平日難以接觸者接受，對調查人員的控製也更為容易。但電話訪談一般只用來進行標準選項的問卷回答而很難深入，比如，問卷可能問到洗衣液的氣味是否濃烈。儘管調查人員會給出他的判斷，但他可能很討厭過於濃烈氣味的洗衣液。

（4）網路訪問調查。網路訪問調查，又稱在線調查，是指通過互聯網及其調查系統把傳統的調查、分析方法在線化、智能化。網路訪問調查的形式包括電子郵件、BBS、網站、微博等。網路訪問調查成本低、不受時空限制、時效性強和客觀性強。但是網路調查的樣本很難控製，比如，願意填寫房價是否過高的問卷的被調查者可能都是買不起房所以特別關注房價的人，而這樣得出的結論可能不具備代表性。此外，網路調查的樣本局限於網民，當調查對象包括不上網的人群時，不能單純引用網路調查的結果。

示例2-2　備受爭議的春晚數據

2008 年春晚結束後，央視市場研究公司（CTR）迅速公布調查數據，稱 81.6% 的受訪觀眾認為今年中央電視臺春節聯歡晚會辦得好，但這一結果與新浪網發起的調查結果有較大出入。

據央視網消息：央視春晚滿意度調查從前晚的 8 點 30 分開始，持續了 3 個多小時，截至 12 點，共成功訪問 2,290 個家庭，其中 2,122 個家庭收看了春節聯歡晚會，經數據加權後推算出，今年除夕在全國收看電視的家庭中有 96.1% 的家庭收看了中央電視臺春節聯歡晚會，在收看過晚會節目的家庭中，有 81.6% 的受訪者認為今年春晚辦得好。

參照央視市場研究公司歷年公布的調查結果，近 5 年來，央視春晚的叫好率逐年走低。其中，2006 年叫好率為 85.5%，2007 年為 83.6%，2008 年為 81.1%，2009 年為 81.1%。

截至昨晚 8 時，新浪網發起的央視春晚觀眾調查中，叫好觀眾僅占 15.4%。新浪網共有 125,196 名網民參與了央視春晚滿意度調查，其中，45.9% 的網民投票「不好」，38.7% 的網民投票「一般」，15.4% 的網民投票「好」。

在新浪網《您最喜歡的春晚節目》調查中，郭冬臨的小品《一句話的事兒》以 22.4%、趙本山的《捐助》以 21.2%、黃宏的《美麗的尷尬》以 15.8% 占據了語言類節目的前三甲；小虎隊《再聚首》以 38.7%、王菲的《傳奇》以 17.3%、孫楠等人的《相親相愛》以 5.8% 在歌舞類節目中排名前三；劉謙的《千變萬化》以 61.1%、《試比天高》以 16.0%、《紅樓讚花》以 12.6% 分列曲藝及其他節目類前三。

（資料來源：http://ent.sina.com.cn/v/m/2010-02-15/12492876737.shtml）

2.4.3 實驗調查

實驗調查有兩個部分，一是採取行動，二是觀察後果。實驗法適合的範圍有限，需要界定明確的概念和假設。比如，宜家的櫥櫃門可以經受 100 萬次的開合，證明這點最靠譜的方法就是以目標消費群慣有的方式將門開合 100 萬次。典型的實驗是在實驗室進行的，但很多行銷實驗是在非實驗室進行的，屬於自然實驗的範疇。

在古典實驗中，最主要的要素有：①自變量和因變量；②前測與後測；③實驗組與控製組。比如，研究者認為改變某糖果的配方會讓消費者覺得更美味，則糖果的配方是自變量，而消費者的感受是因變量。為證明這個問題，研究者可以進行前測和後測，即讓消費者先嘗試原配方的糖果，然後再嘗試後面一種配方的糖果，消費者對兩次嘗試的評分可以找到配方與感受的關係。但有些消費者並沒有真實感到變化，他之所以給後一次嘗試更高的分是因為覺察到研究者的意圖而不自覺地配合。那在這種情況下，使用控製組可以檢查是否出現了這種情況，讓控製組使用同一種配方，同樣進行前測和後測，如果控製組的變化沒有實驗組大，說明糖果的配方變化確實影響到了消費者的感受。

選擇被測試者時，樣本的代表性非常重要。除了這個問題，另一個重要的原則便是實驗組與控製組的可比性。研究者既可以使用隨機的方法，在同一個樣本框裡選出兩個群體分別作實驗組和被測試組，也可以在招募到全部受試者後，把他們隨機分配到兩個組。但隨機分配未必能保證測試組和控製組的可比性。比如，研究者在測試某個培訓機構對學生成績的改善時，可以將每個成績段的學生平均分配到實驗組和控製組，這樣比隨機將學生進行分配會更具有可比性。如果製作一個由所有最相關特徵組成的配額矩陣，全部配對過程就會高效完成。

在做實驗的時候，內部無效性的來源主要有以下幾個：

（1）歷史事件。比如，三聚氰胺事件後，對伊利的廣告效果進行測試，會得出廣告無效的結論。實際上，真正影響被測試者態度變化的不是廣告而是三聚氰胺事件。

（2）成熟。人們無論是否參與測試，都會變得日益成熟，而此類變化會影響結果，特別是長時間的測試。而短時間的測試也會因為被測試者的疲倦、無聊或者饑餓而改變他們在實驗中的行為。

（3）測試。如果實驗一測再測也會影響人的行為。比如，無硅油洗髮水的測試會通過反覆提問讓人們對硅油敏感從而隱藏自己的真實觀點。

（4）測量工具。有些測量方式比另外一些更為準確。

（5）統計迴歸。比如，初始測試時因變量極端的人可能在再次測試時有反方向的變化。比如，在測試某教育機構的培訓效果時，在前測時分數極低的人可能在第二次測試時分數提高。這和培訓無關。他們的成績已經極度糟糕了，也不可能再糟了。所以，他們的成績向平均數的迴歸和實驗刺激可能一點關係都沒有。

（6）選擇偏好。實驗組和控製組並不具備可比性。

2.4.4 觀察法

觀察法是指調查人員在現場對有關情況進行記錄，調查人員可以使用自己的眼睛或儀器來進行觀察並記錄結果。觀察可以分為自然環境或人工環境的觀察，偽裝或公開的觀察，直接或間接的觀察，人類或機器的觀察。

（1）自然環境或人工環境的觀察

自然環境的觀察是指觀察人員在自然環境下進行觀察，比如，在超市門口觀察某一時段出入超市顧客的數量，管理者偽裝成顧客觀察店員的行為。也可以在實驗室觀察人們觀看廣告的反應。相對人工環境，自然環境的觀察更為真實，但未必能有效觀察到研究者想知道的行為。所以，很多時候觀察會安排在實驗室進行，比如，觀察人們是如何使用洗滌精的。

（2）偽裝或公開的觀察

偽裝觀察的目的是在被觀察者不知情的情況下，瞭解其最真實的反應。比如神祕顧客觀察法。一般說來，自然環境的觀察會讓被觀察者不能覺察到觀察者的存在，但實驗室的觀察是在公開的環境下進行的。

（3）直接或間接的觀察

直接觀察是指觀察者的觀察對象就是研究對象，比如研究消費者對促銷程度和促銷形式的偏好，可以觀察人們對超市折扣的反應。間接觀察是指觀察者通過觀察其他事物來瞭解研究對象。比如，想知道居民的消費水平和消費習慣，可以通過居民垃圾的物品來推斷。

（4）人類或機器的觀察

人類的觀察是不完全的，注意力天然具有選擇性，機器觀察比人類觀察更為全面，但是需要專業的設備和條件。另外，有些富有經驗的觀察員會更快地抓住問題所在，比起機器毫無目的的觀察，他們的效率更高。

示例2-3 收視率調查

收視率調查最早用於瞭解節目的收視情況，為媒體決策和廣告主的媒體選擇提供依據。一開始的收視率調查是由研究者選擇一定的家庭，並在每個家庭留置一份節目觀看記錄表。家庭成員在觀看電視節目時，會填寫這個記錄表。在一段時間後由研究者上門回收並發放新的記錄表。後來由於收視率調查技術的革新，一種叫做Audimeter的視聽記錄儀在調查中的運用，使廣告收視率調查變得簡單。

收視率調查過程包括以下幾個步驟：

1. 隨機抽出一定量的觀眾樣本戶構成相對穩定的調查網（觀眾小組）。樣本大小視研究精度和地區規模而定。例如臺灣益利市場研究顧問公司，在臺灣地區建立的調查網樣本戶是245個。

2. 在樣本戶家中的電視機上裝上Audimeter這種儀器，它能自動地記錄受調查對象家中收看電視節目的時間和頻道。

3. 每隔一段時間（如一周）把自動記錄儀內的軟片或磁帶取下帶回公司分析，就可以算出每日全部節目每一分鐘的收視率。現在由於技術的進步，研究機

構甚至可以通過電話連線隨時從被調查戶處提取記錄信息。
　　（資料來源：http://baike.baidu.com/view/5087689.htm）

2.5　市場調查的程序

　　市場調查的步驟是為了確保調查的工作效率和工作質量。不同內容的市場調查或者不同類型的市場調查，在調查目的、調查範圍上有所不同，但是市場調查的基本步驟是相同的，見圖2.3。

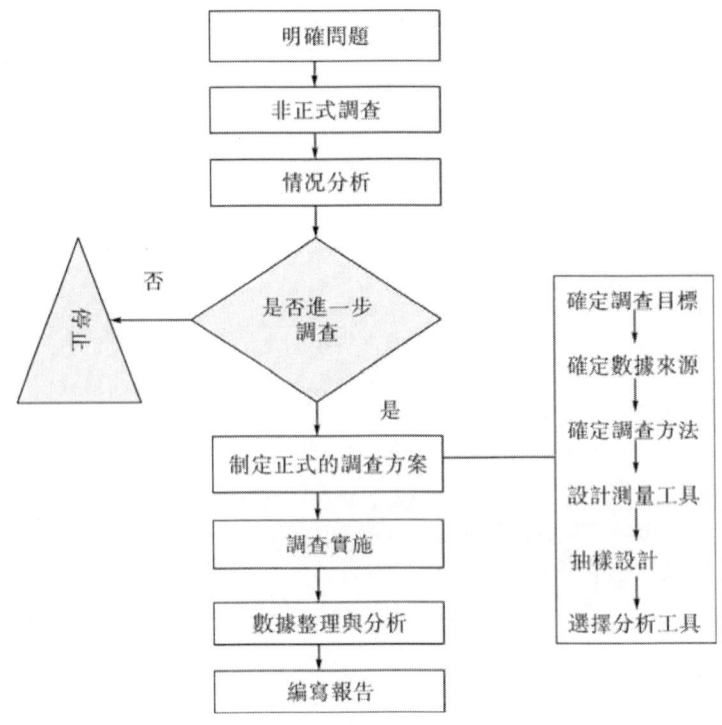

圖2.3　市場調查與預測程序

　　（1）明確問題。市場調查和預測要把決策者面臨的問題變成市場調查與預測問題，比如，亞馬遜公司想知道是否有必要改變自己在中國消費者心目中的形象，它可以變成以下市場調查與預測的問題：亞馬遜在中國的消費者心目中的形象是什麼？中國消費者心目中理想的電商平臺是什麼？亞馬遜的主要競爭者在消費者心目中的形象是什麼？

　　（2）非正式調查。在調查進行之前，需要進行非正式調查。這樣可以節省時間和費用，有利於研究者更加深入地認識和理解問題。比如，亞馬遜調查人員可以通過和顧客的交談、和業內人士的交談以及二手資料來收集信息，縮小調查範圍。

　　（3）情況分析。研究者可以根據已收集的資料和信息，對調查問題做出一個

大致的判斷和分析。比如，亞馬遜公司如果發現已有顧客對它的評價很高，但從未購物或者很少在亞馬遜購物的人對它的評價則相反，就可以放棄對已有顧客的調查，轉向這部分人群。

（4）決定是否進行正式調查。在情況分析之後，需要根據調查結果判斷是否需要進行正式調查。如果非正式調查的信息已經可以滿足研究者的要求，或者正式調查的成本高於即將獲得的信息價值，研究者可以中斷調查。

（5）調查方案。確定進行正式調查之後，需要編寫正式的調查方案。調查方案一般包括五個部分：確定調查目的、確定數據來源、確定調查方法、設計測量工具、抽樣設計等。該階段的成果是市場調查計劃書或市場調查方案，由於其編寫的複雜性和技巧性，是學生學習和操作的重點。

（6）調查實施。調查實施的質量很大程度上決定了本次調查的成敗。由於訪問員有意或者無意的失誤，或者被訪者對調查題目的誤解等，都會造成數據的誤差，從而影響了調查結果的準確性。調查員應該接受培訓，會正確使用調查工具並進行正確的記錄。如果是深入訪談和觀察法一類的調查，調查員的素質對結果影響重大。

（7）數據整理與分析。調查實施得到的數據是零散的，需要對原始資料進行整理和分析。整理工作包括校編、分類、編號、數據錄入。數據分析可以根據一次分析變量數目的多少，分為單變量、雙變量和多變量；也可以根據分析的目的，分為描述分析和推斷分析。

（8）編寫報告。市場調查報告是市場調查的最終成果。調查報告分為書面報告和口頭陳述報告。調查報告的撰寫雖然不拘一格，但一定要注意邏輯性，好的調查報告從調查目標開始，每一步都非常清晰，其結果便更為可信。有時，調查並不能提供結論，但可能會給出進一步調查的方向，那麼，報告就不應該是結論性的而是對各種可能性的重新假設。

2.6　小結

本章對市場調查和預測的概念和內涵進行了描述，市場調查與預測貫穿企業的決策過程，企業的每一種決策都需要市場數據的支撐。市場調查與預測的內容包括市場外部宏觀環境，市場競爭情況，市場需求情況，消費者的購買行為，企業行銷因素。根據市場調查的目的，可分為四種類型：探索性調研，描述性調研，因果關係調研和預測性調研。市場調查與預測的方法包括二手資料收集，詢問調查法，實驗調查法，觀察調查法。市場調查與預測的程序包括：①明確問題；②非正式調查；③情況分析；④決定是否進行正式調查；⑤制定正式調查方案；⑥調查實施；⑦數據的整理與分析；⑧編寫調查報告。其中，正式調查方案包括：①確定調查目的；②確定數據來源；③確定調查方法；④設計測量工具；⑤抽樣設計；⑥選擇分析工具。

練習與思考

1. 市場調查與預測按內容可分為哪幾類?
2. 市場調查與預測還可以如何分類?
3. 簡述市場調查與預測的程序。
4. 正式的調查都包括哪些內容?
5. 目前可樂公司在中國的銷售量不斷下降,請進行一次探索性訪談,再確定是否值得進一步調查,如果值得,請制定正式調查的方案。

3 市場調研軟件操作

3.1 軟件介紹及安裝

本章是通過學生對浙科市場調研模擬教學軟件的操作，掌握市場調查的流程、瞭解不同市場調查主題以及加深對市場調查基礎理論和知識的認識。浙科市場調研模擬教學軟件由浙江航大科技開發有限公司研發，不僅適用於各大中專院校市場行銷及相關專業，同時也可供中小型企業對行銷及銷售人員進行市場調研實戰培訓練習。該軟件結合互聯網路通訊技術和計算機系統構造一個模擬的市場調研環境。

整個系統由管理員端系統、教師端系統、學生端系統、調研網站、郵件系統組成，各系統操作界面獨立，但數據相互關聯、傳遞。採用實驗形式，通過制定實驗任務、要求，幫助學生逐步掌握市場調研的基礎知識、實施過程及步驟。由管理員端系統維護教師帳號信息；教師端系統維護實驗班級及學生信息，設置實驗環境、添加分析案例，維護調研網信息，對學生的市場調研結果進行評分；在學生端系統，學生根據教師設置的實驗環境確定調研課題，按步驟完成市場調研設計方案、調查問卷，確定調查人員，收集及分析調研資料，撰寫調研報告。完成教師布置的在線作業及案例分析。系統提供一個市場調研網站，學生可以把設計的調查問卷在這裡進行發布以收集資料，或通過電子郵件方式向參加本次實驗的本班其他同學，發送問卷郵件以收集資料。

該軟件主要研究了市場調研中的以下內容：企業行銷問題、確定調研目標、設計調研方案、運用資料、定性調研和定量調研、調查數據的收集方法、調研問卷的設計、樣本計劃和樣本容量的確定、數據的收集和處理分析以及調研報告的編寫。

通過軟件的使用，幫助學生理解和消化理論知識，將課本的知識運用到具體的案例中，並可學習到甚至書本上學不到的知識。學生在教師的指導下操作各個實驗，鍛煉學生實際動手、操作、策劃能力，逐步熟悉市場調研專用術語、步驟、方法，並能理性理解如何操作、指導市場調研活動。

實踐課程課時安排建議如下，見表3.1：

表 3.1　　　　　　　　　　上機實驗課時安排建議

實驗內容	課時安排
實驗環境熟悉及分組	1 課時
實驗管理第一階段實驗	4 課時
實驗管理第二階段實驗	3 課時
實驗管理第三階段實驗	1 課時
在線案例分析（選作）	2 學時
在線考試（選作）	3 學時
共計：必做實驗項目 4 個，合計 8 學時；選作實驗項目 2 個，合計 5 學時。	

3.2　登錄與註冊

在 IE 瀏覽器地址欄中鍵入軟件的指定訪問地址後，瀏覽器將會顯示如下登錄界面（如圖 3.1 所示）：

圖 3.1

頁面由三部分內容構成，用戶登錄、註冊、在線考試。下面分別介紹學生註冊和登錄頁面功能。

3.2.1　學生註冊

沒有系統帳號的學生需要註冊，填寫註冊資料後，經班級教師審核通過，就可以登錄系統。在登錄頁面中，點擊「 註冊 」，在打開頁面中填寫各項註冊

信息，如圖 3.2 所示：

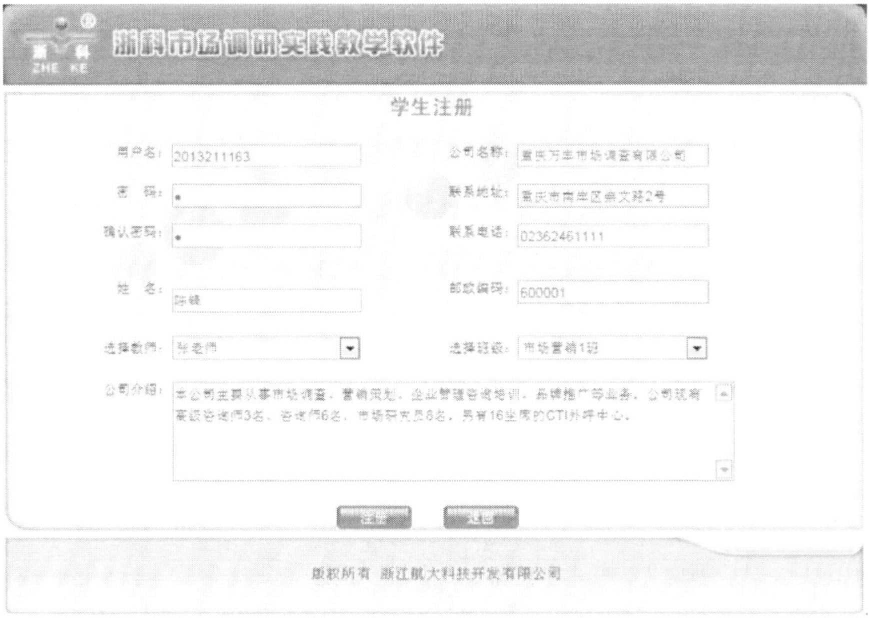

圖 3.2

點擊「註冊」按鈕，註冊成功。
提示：註冊帳號在教師審核之後，才能啟用。

3.2.2 學生登錄

系統管理員、教師、已擁有登錄帳號的學生，在登錄頁面中輸入「用戶名」「密碼」，如圖 3.3 所示：

圖 3.3

點擊「登錄」按鈕，學生以公司的身分開展實驗，因此在登錄之後，打開註冊公司頁面（見圖 3.4）：

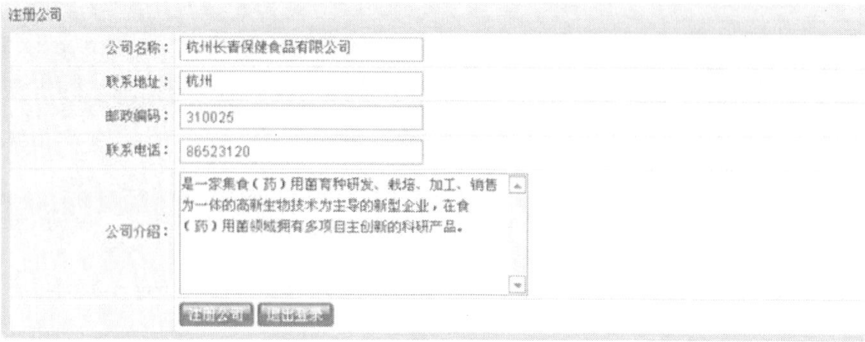

圖 3.4

點擊「註冊公司」按鈕，系統提示「公司註冊成功」（見圖 3.5）：

圖 3.5

點擊「確定」按鈕，系統自動跳轉至學生操作界面。

3.3 頁面介紹

在用戶登錄之後，系統根據用戶名的類別（系統管理員、教師、學生）進入相應的操作界面。學生操作界面如圖 3.6 所示。

系統採用左右框架結構形式，頁面左側為菜單區，頁面右側為操作區，點擊左邊菜單區，頁面右邊將顯示其具體信息。

提示：點擊「菜單區」的「退出系統」按鈕，將退出學生端系統，返回至系統登錄頁面。

學生端系統分為實驗管理和實驗操作兩大模塊，見圖 3.7。其中實驗管理模塊包括題庫管理、人才庫和調研網管理。實驗操作模塊包括案例分析、信息交流、郵件管理、在線作業、在線考試、公司信息和學生信息。

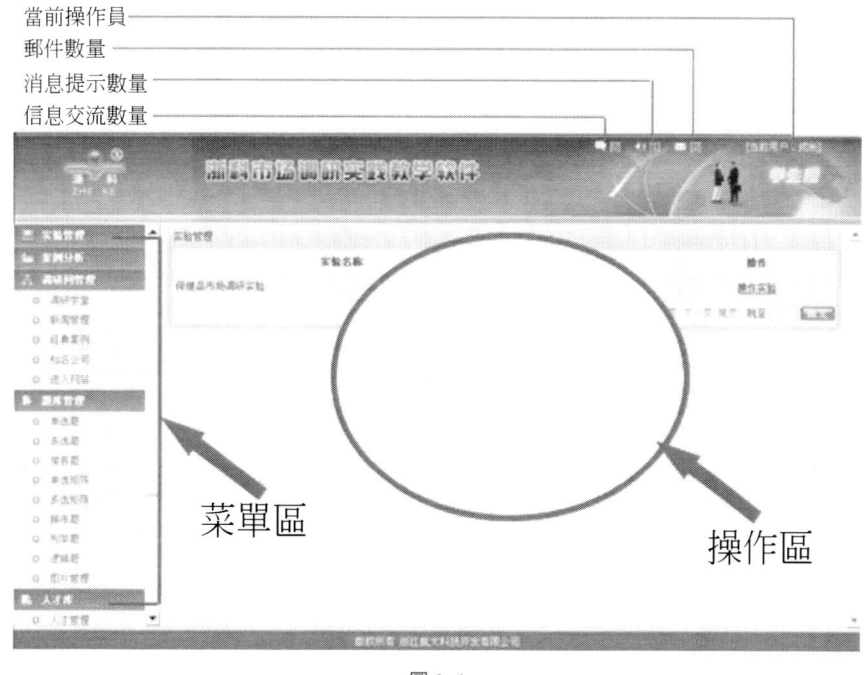

圖 3.6

圖 3.7

3.3.1 題庫管理

題庫管理用於添加或編輯企業調查問卷中的常用題型，如單選題、多選題、簡答題、單選矩陣、多選矩陣、排序題、列舉題、邏輯題，以及智能圖片管理功能。

該功能有助於學生理解市場調研的重要性、方法、應用；熟悉掌握單選題、多選題、簡答題、單選矩陣、多選矩陣、排序題、列舉題、邏輯題的添加方法；掌握上傳題型圖片的方法，並能靈活應用於各種題型。該功能操作如下：

（1）點擊「實驗管理」模塊，從實驗列表中選擇「正在進行」的實驗，點擊「操作實驗」，查看實驗背景（見圖3.8）。

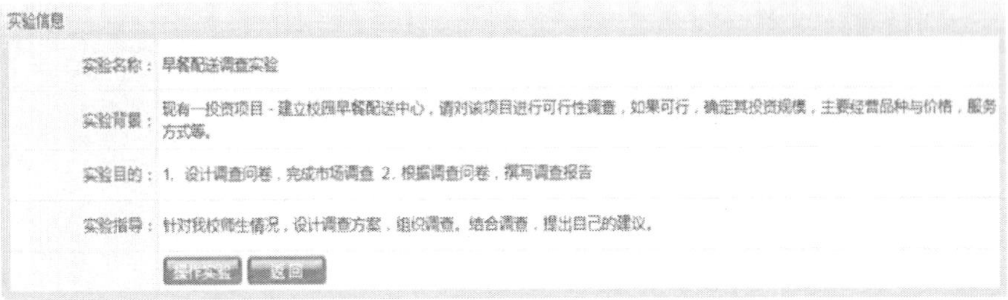

圖3.8

閱讀實驗背景及實驗目的和指導，思考問卷題目。

（2）添加題目前，應先準備好問卷題目中可能使用到的圖片。請學生事先將圖片存入各自的電腦中，再上傳到系統。操作為：點擊菜單中「題型管理→圖片管理」模塊，點擊「添加」按鈕，打開如下界面（見圖3.9）：

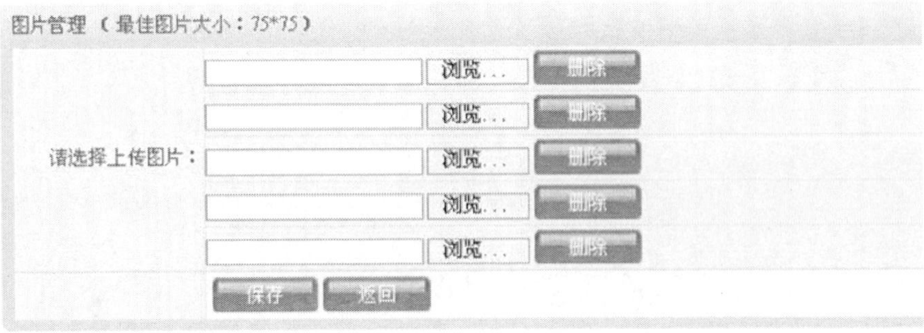

圖3.9

點擊「請選擇上傳圖片」輸入框旁邊的「瀏覽」 按鈕，在打開的窗口中，選擇要上傳圖片的存放路徑，系統允許同時上傳五個圖片文件。

提示：1. 圖片被應用於題型後，不能刪除；
2. 建議上傳格式為 *.jpg 的圖片。

（3）添加完圖片後，進行題目添加。在菜單中的「題庫管理」中，根據問題題型選擇相應模塊，並添加題目。以單選題為例：點擊「題庫管理→單選題」模塊，點擊「添加單選題」，選擇實驗，添加題目內容（見圖3.10）。

圖 3.10

3.3.2 人才庫管理

一個市場調研項目的人員組成包括市場調研員、調研督導、研究員、諮詢專家和項目經理等。市場調研員主要負責實地調研執行，如發放回收問卷；調研督導主要負責市場調研項目的質量和進展，包括現場督導和事後核查等；研究員主要負責市場調研項目的部分設計工作和分析，如編寫問卷和數據分析等；諮詢專家提供專業的諮詢意見，通常是在項目開始前或項目報告書撰寫好之後提供指導；項目經理負責整個市場調研項目的組織推進，如項目成員選擇、人員協調和客戶溝通等。市場調研項目的成敗很大程度上取決於項目成員的素質。

人才庫管理可以幫助市場調研公司對人才進行管理和維護。就某個市場調研而言，可以根據市場調研主題及已添加的問卷題目，添加相關項目成員信息。信息包括人才學歷、姓名、聯繫地址、年齡、郵政編碼、聯繫電話、備註等。也可以從人才庫已有的人才信息中查詢合適的人才信息。

（1）點擊「人才庫」下的「人才管理」，如圖 3.11 所示，在人員列表下點擊「添加」按鈕。

圖 3.11

添加人才信息（見圖 3.12）。

圖 3.12

（2）點擊「人才庫」下的「培訓計劃」，再點擊「添加」按鈕，制訂有關人員的培訓計劃（見圖 3.13）。

圖 3.13

3.3.3 調研網管理

市場信息的來源分為二手資料和現場資料，其中二手資料收集具有不受時空限制、成本較低、花費時間較少等優點。市場調研公司平時可以通過調研網站收集材料，一方面累積了二手資料，另一方面也達到了宣傳公司的目的。對調研網信息的管理和維護，包括調研學堂、新聞管理、經典案例、知名公司、進入網站五部分。

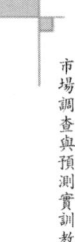

該部分實驗有助於學生掌握調研網各欄目信息的發布、查看方法；熟悉通過郵件發送調查問卷的操作；掌握調研問卷的填寫方法。同時，教師需要及時審核學生發布的調研學堂、新聞管理、經典案例、知名公司信息。該部分實驗的操作步驟如下：

（1）點擊「調研網管理→調研學堂」模塊，發布調研學堂信息；

（2）點擊「調研網管理→新聞管理」模塊，發布新聞信息；

（3）點擊「調研網管理→經典案例」模塊，發布有關市場調研或行業的經典案例資料；

（4）點擊「調研網管理→知名公司」模塊，發布知名市場調研公司資料；

（5）點擊「調研網管理→進入網站」模塊，訪問新聞中心、在線調研、調研報告、調研學堂、知名公司、經典案例等網站欄目；通過郵件將調查問卷發送給本班其他同學，相互填寫問卷；填寫調查問卷（見圖3.14）。

圖3.14

提示：學生所發布的調研網信息，需經所屬班級教師審核後，才能在調研網站顯示。

3.3.4 案例分析

該模塊考查學生對市場調查案例的分析能力，教師將一些具有代表性的、有一定分析價值的調研案例發布出來，供學生分析，並對學生分析結果進行評閱。在通讀案例之後，應能快速把握案例中的核心部分，通過綜合分析，提取其成功

與失敗之處，加以整合，增長見識，鍛煉思考能力。

3.3.4.1 教師實驗準備

軟件初始數據中已添加了若干案例信息，教師需開啓給學生操作。同時教師也添加新的案例（見圖3.15）。

圖 3.15

教師點擊「案例管理」模塊，添加分析案例。

操作步驟：

（1）在菜單中點擊「案例管理」，打開案例列表，在列表下點擊「創建新案例」按鈕。

（2）填寫案例信息，包括案例名稱、案例內容、分析答案，選擇案例狀態，如圖3.16所示。

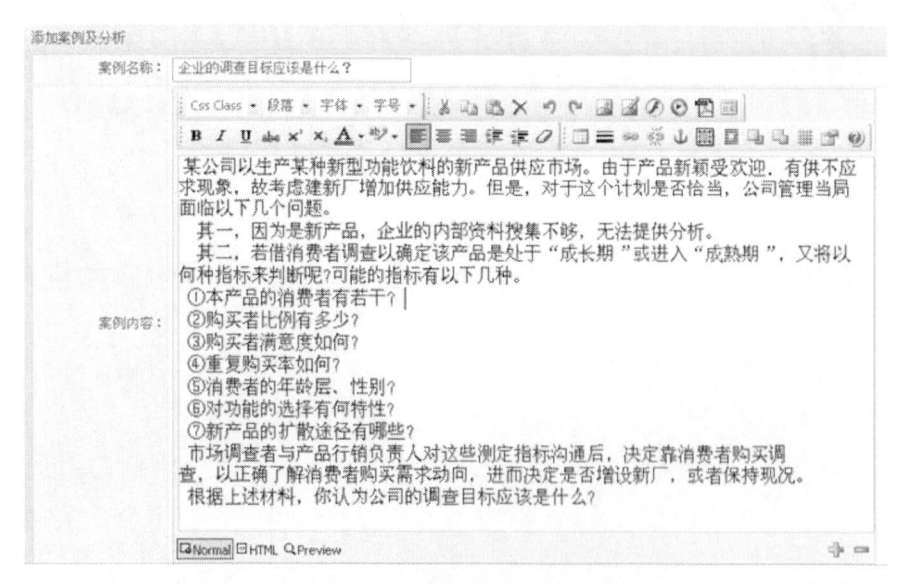

圖 3.16

點擊「保存」按鈕，案例添加成功。

（3）若添加時間選擇的狀態為「已開啓」，則表示學生可以查看到並進行案例分析。若未開啓，在案例列表中點擊「修改」操作，修改案例狀態為「已開啓」，修改後點擊「保存」按鈕。

提示：1. 當案例狀態設置為「未開啓」時，學生將看不到該案例。
　　　2. 每課時開啓案例數量，教師可根據案例題目的難易程度來決定。
　　　3. 案例被應用（學生分析）之後，不能刪除，只能查看、修改。

3.3.4.2　學生實驗操作

學生對教師開啓的案例進行案例分析。

步驟：

（1）點擊「案例分析」模塊，在打開界面中選擇一條案例信息（或按教師要求選擇指定案例），點擊該條信息「操作」欄中的「分析」（見圖3.17）。

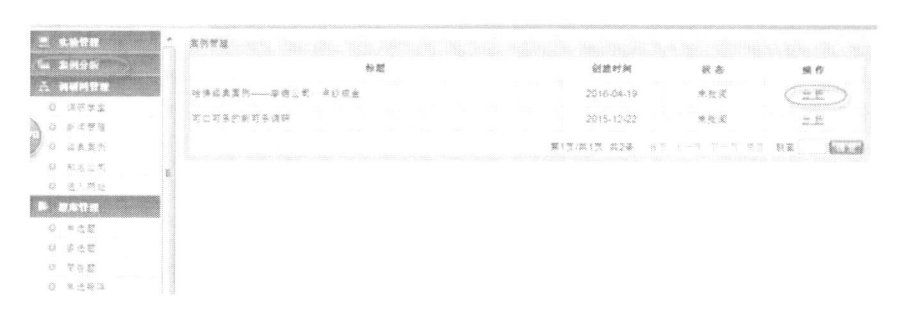

圖3.17

（2）仔細閱讀案例內容，在「分析」欄中，學生填寫對該案例的分析，然後點擊「保存」按鈕（見圖3.18）。

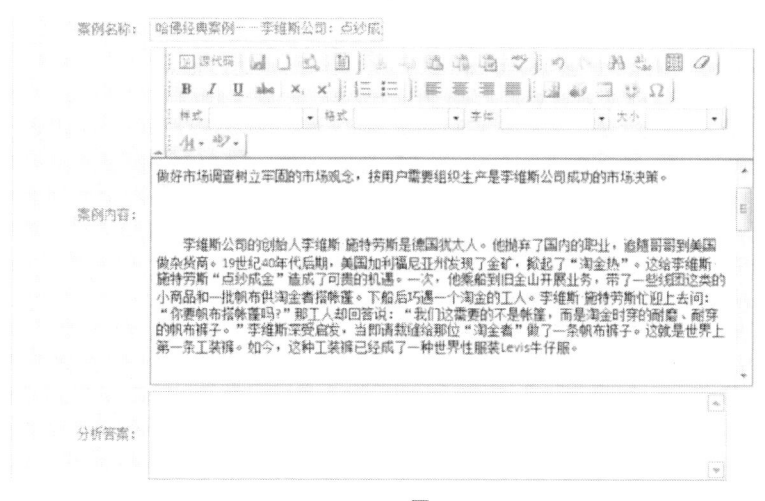

圖3.18

3.3.4.3 教師案例批閱

學生保存案例分析後,教師在軟件的教師端進行批閱。

操作步驟:

(1)「案例管理」模塊,打開案例列表,在列表下點擊按鈕「學生案例分析」。

(2)選擇班級,選擇學生,點擊「查看分析」操作,顯示該學生保存過的案例列表(見圖3.19)。

圖 3.19

(3)點擊「操作」欄中的「批閱」,在打開頁面中填寫評語、得分,如圖3.20所示:

圖 3.20

點擊「保存」按鈕,系統提示「保存成功!」(圖3.21)。

圖 3.21

點擊「確定」按鈕,跳轉至如圖3.22所示頁面:

圖 3.22

可以看到「批閱狀態」由「未批閱」變為「已批閱」。在學生端，學生可以看到自己分析的案例已經被審閱（圖 3.23）。學生點擊「查看」可以看到教師批閱的內容。

圖 3.23

3.3.5 在線作業

教師通過該模塊，向學生在線布置作業，方便快捷，且能有效保證數據的統一性。學生也能快速得到教師的回覆，從而實現課堂及時互動。

3.3.5.1 教師作業布置

教師在軟件教師端「菜單區」點擊「在線作業」按鈕，在頁面右側「操作區」將顯示如下界面（圖 3.24）：

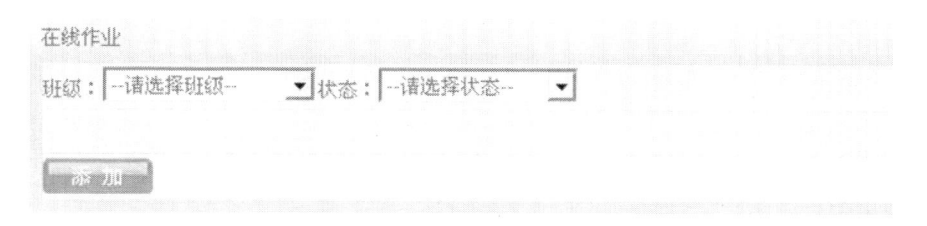

圖 3.24

點擊「添加」按鈕，在打開界面中，選擇班級、狀態，填寫相關信息，如圖 3.25 所示：

圖 3.25

點擊「保存」按鈕，在線作業添加成功（見圖 3.26）。

圖 3.26

選擇一條信息，點擊該條信息「操作」欄的「查看」，可以查看詳細信息；點擊該條信息「操作」欄的「修改」，可以更新信息；點擊該條信息「操作」欄的「刪除」，將刪除該條信息。

提示：當選擇在線作業的「狀態」為「關閉」時，學生將看不到該作業信息；當選擇在線作業的「狀態」為「開啟」時，學生可以看到該條作業信息；當選擇在線作業的「狀態」為「註銷」時，該在線作業失效。

3.3.5.2　學生完成作業

學生查看教師布置的在線作業，按照教師要求完成作業。

在「菜單區」點擊「在線作業」按鈕，頁面右側「操作區」將顯示如下界面（圖 3.27）：

圖 3.27

點擊「操作」欄中的「查看」，打開頁面，顯示在線作業的詳細信息，如圖 3.28 所示：

圖 3.28

根據作業內容，按教師要求的形式完成作業。

3.4　實驗管理

該部分實驗是由學生根據教師已設置的實驗信息，選擇某個感興趣的調研主題，按階段開展市場調研實驗。該實驗有助於學生結合市場調研基礎理論與知識，掌握市場調研的步驟，以及市場調研方案的撰寫。

在「菜單區」點擊「實驗管理」按鈕，頁面右側「操作區」將顯示如下界面（見圖 3.29）：

圖 3.29

點擊「操作」欄中的「操作實驗」，可查看教師設置的實驗信息，如圖 3.30 所示：

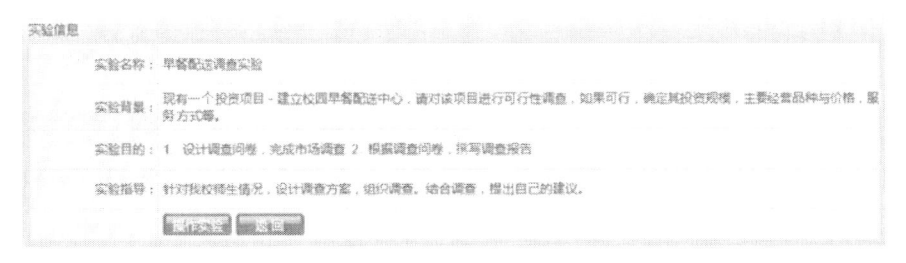

圖 3.30

點擊「操作實驗」 操作實驗 按鈕，打開如下界面（見圖 3.31）：

圖 3.31

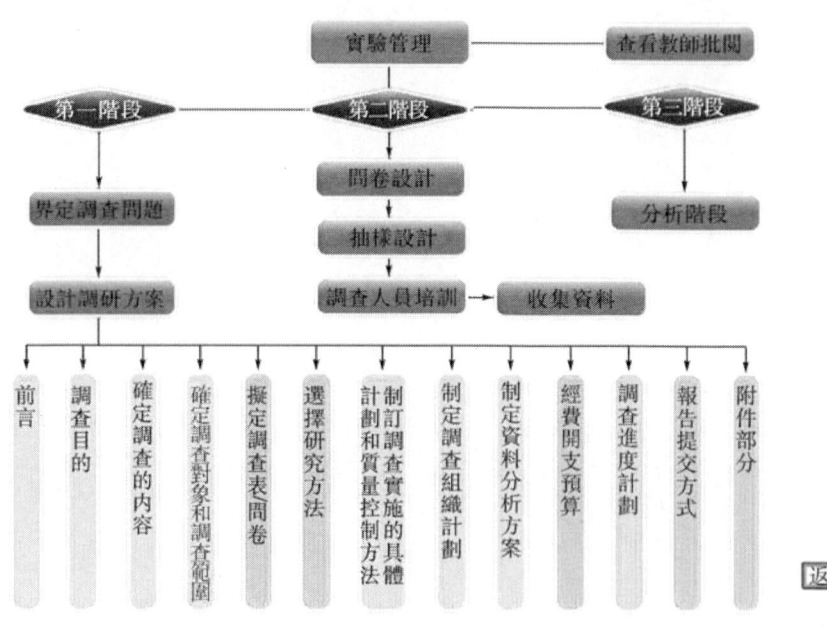

實驗共分為三個階段，互為層次遞進關係，前一階段實驗完成之後，才能開始後一階段的實驗。

3.4.1 第一階段

第一階段的實驗內容包括：界定調查問題和設計調研方案。

3.4.1.1 界定調查問題

點擊「界定調查問題」 界定調查問題 按鈕，在打開界面中，填寫要調查問題的具體內容，分別點擊「保存」和「完成」按鈕，完成該步驟。具體流程如下，在圖 3.32 所示界面填寫內容：

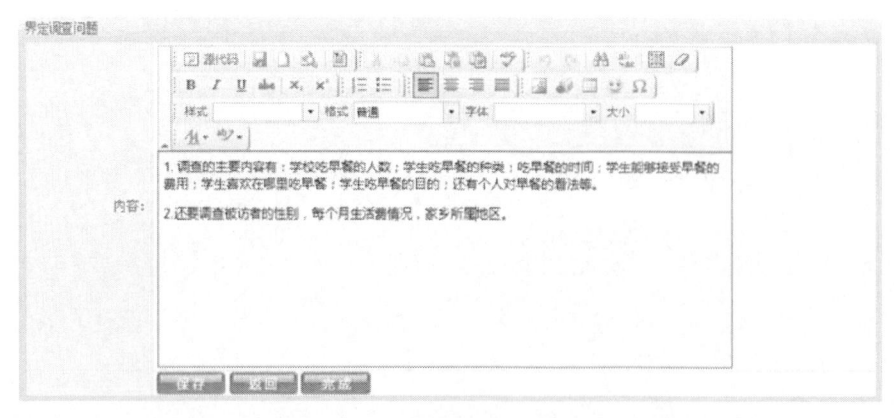

圖 3.32

點擊「保存」按鈕，內容添加完成。點擊「完成」按鈕，系統提示如圖 3.33 所示：

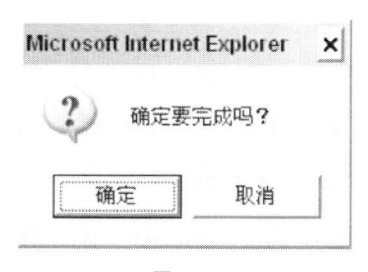

圖 3.33

點擊「確定」按鈕，系統提示如圖 3.34 所示：

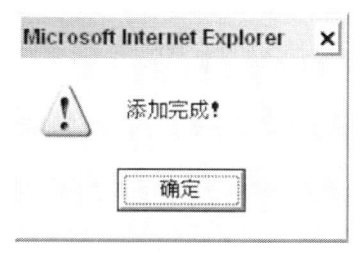

圖 3.34

點擊確定，系統自動跳轉至如下界面（圖 3.35）：

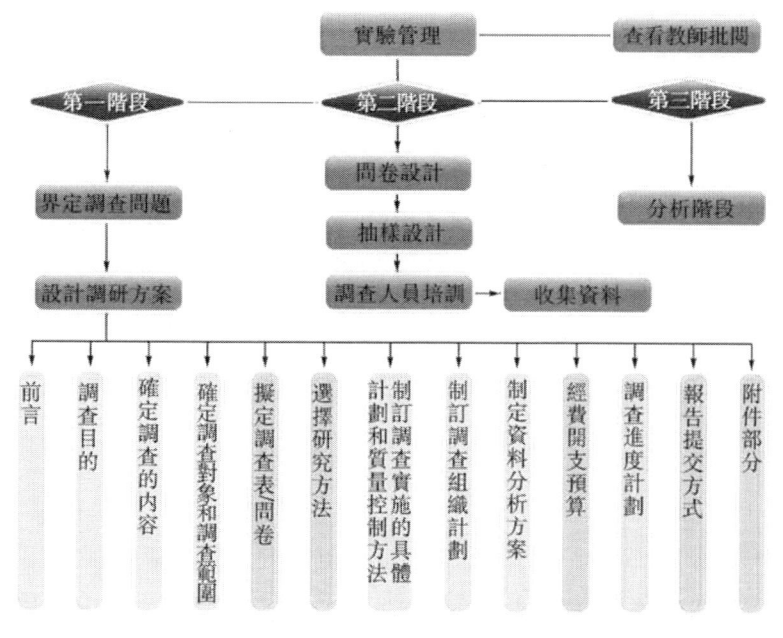

圖 3.35

可以看到，「設計調研方案」中的「前言」，已由灰色變為高亮度（彩色）顯示，表示「設計調研方案→界定調查問題」成功。

3.4.1.2　設計調研方案

調研方案的設計共包括十二個部分：前言、調查目的、確定調查的內容、確定調查對象和調查範圍、擬定調查表/問卷、選擇研究方法、制訂調查實施的具體計劃和質量控製方法、制訂調查組織計劃、制定資料分析方案、經費開支預算、調查進度計劃、報告提交方式、附件部分。

（1）前言

前言部分是對該市場調研背景的介紹，有助於項目成員快速加深對項目的認識。點擊「前言」按鈕，在打開界面中填寫內容，如圖 3.36 所示：

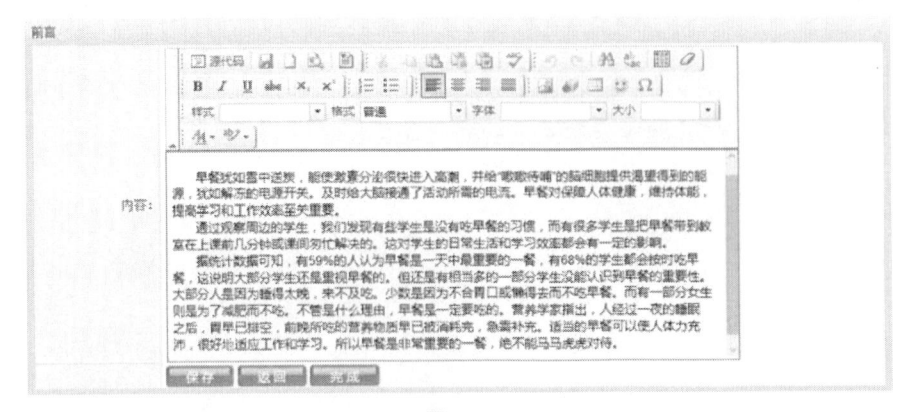

圖 3.37

分別點擊「保存」和「完成」按鈕，完成該步驟。「前言」內容設置完成，後一操作步驟「調查目的」以高亮度（彩色）顯示。

（2）調查目的

調查目的是指本次調研要達到的目標，點擊「調查目的」按鈕，在打開界面中填寫內容，如圖 3.38 所示：

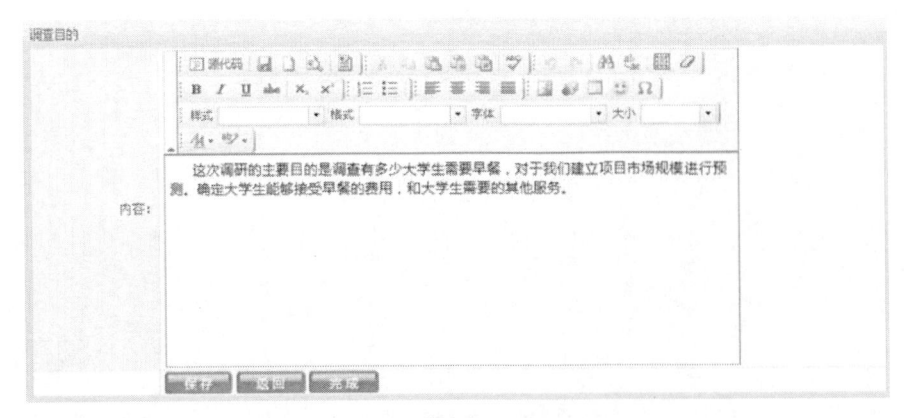

圖 3.38

分別點擊「保存」和「完成」按鈕，完成該步驟。「調查目的」內容設置完成，後一操作步驟「確定調查的內容」以高亮度（彩色）顯示。

（3）確定調查的內容

調查內容根據調查目標的任務分解。例如，調查目標是提升客戶滿意度，調查內容就包括：現有客戶的滿意度、客戶不滿意的指標、客戶對不同指標的重視程度。點擊「確定調查的內容」按鈕，在打開界面中填寫內容，如圖3.39所示：

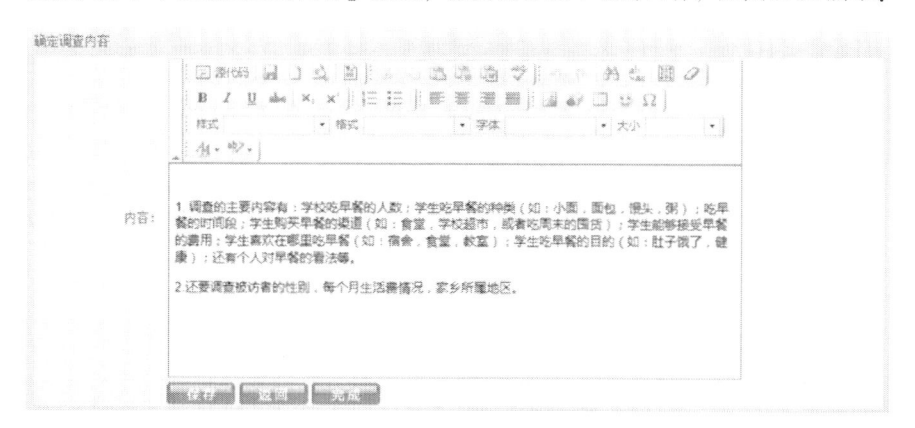

圖3.39

分別點擊「保存」和「完成」按鈕，完成該步驟。「確定調查的內容」內容設置完成，後一操作步驟「確定調查對象和調查範圍」以高亮度（彩色）顯示。

（5）確定調查對象和調查範圍

點擊「確定調查對象和調查範圍」按鈕，在打開界面中填寫內容，如圖3.40所示：

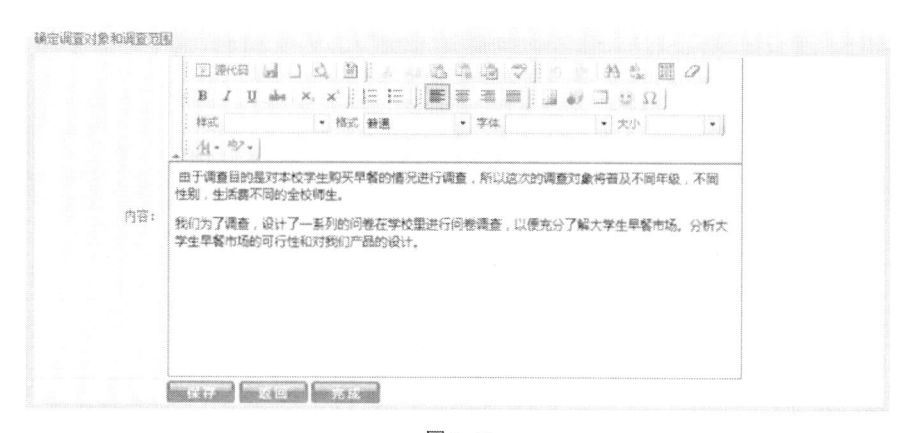

圖3.40

分別點擊「保存」和「完成」按鈕，完成該步驟。「確定調查對象和調查範圍」內容設置完成，後一操作步驟「擬定調查表/問卷」以高亮度（彩色）顯示。

(6) 擬定調查表/問卷

點擊「擬定調查表/問卷」按鈕，在打開界面中填寫內容，如圖 3.41 所示：

圖 3.41

分別點擊「保存」和「完成」按鈕，完成該步驟。「擬定調查表/問卷」內容設置完成，後一操作步驟「選擇研究方法」以高亮度（彩色）顯示。

(7) 選擇研究方法

點擊「選擇研究方法」按鈕，在打開界面中選擇調查研究方法，如圖 3.42 所示：

圖 3.42

分別點擊「保存」和「完成」按鈕，完成該步驟。「選擇研究方法」設置完成，後一操作步驟「制訂調查實施的具體計劃和質量控製方法」以高亮度（彩色）顯示。

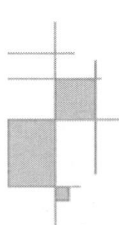

(8) 制訂調查實施的具體計劃和質量控製方法

點擊「制訂調查實施的具體計劃和質量控製方法」按鈕，在打開界面中填寫內容，如圖 3.43 所示：

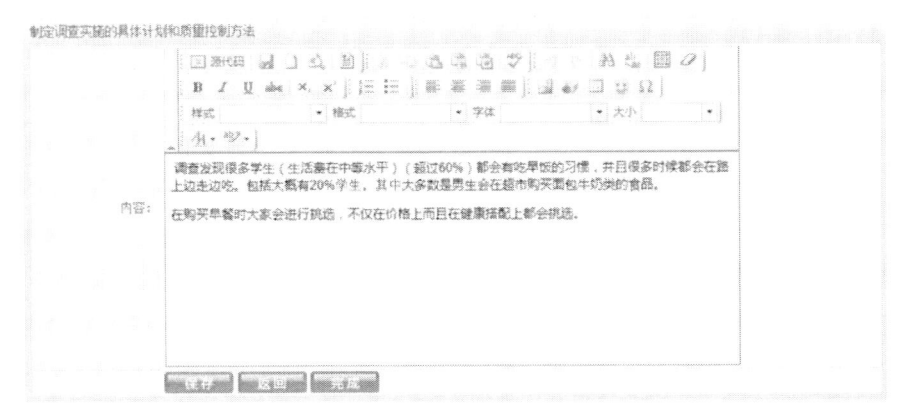

圖 3.43

分別點擊「保存」和「完成」按鈕，完成該步驟。「制訂調查實施的具體計劃和質量控製方法」設置完成，後一操作步驟「制訂調查組織計劃」以高亮度（彩色）顯示。

(9) 制訂調查組織計劃

點擊「制訂調查組織計劃」按鈕，在打開界面中填寫內容，如圖 3.44 所示：

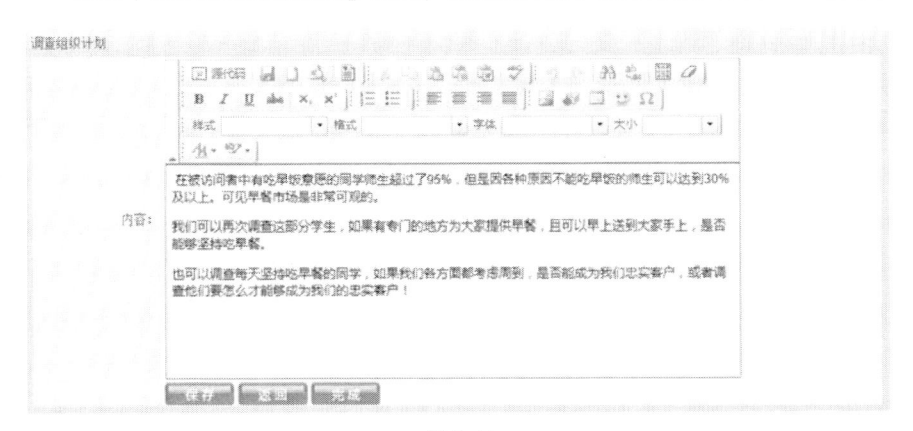

圖 3.44

分別點擊「保存」和「完成」按鈕，完成該步驟。「制訂調查組織計劃」設置完成，後一操作步驟「制定資料分析方案」以高亮度（彩色）顯示。

(10) 制定資料分析方案

點擊「制定資料分析方案」按鈕，在打開界面中填寫內容，如圖 3.45 所示：

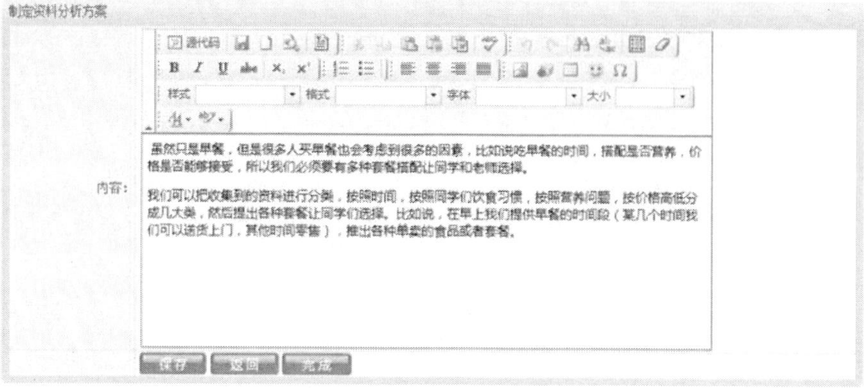

圖 3.45

分別點擊「保存」和「完成」按鈕，完成該步驟。「制定資料分析方案」設置完成，後一操作步驟「經費開支預算」以高亮度（彩色）顯示。

(11) 經費開支預算

點擊「經費開支預算」按鈕，打開如下界面（圖3.46）：

圖 3.46

點擊「添加」按鈕，在打開頁面中，填寫經費開支預算信息（費用支出項目、數量、項目單價、備註），如圖 3.47 所示：

圖 3.47

點擊「保存」按鈕，系統提示如圖 3.48 所示：

圖 3.48

點擊「確定」按鈕，添加成功。按照以上方法繼續添加經費開支預算信息，如圖 3.49 所示：

圖 3.49

在確認經費開支預算信息添加完畢，不需要編輯（修改、刪除）信息後，點擊「完成」按鈕，系統提示如圖 3.50 所示：

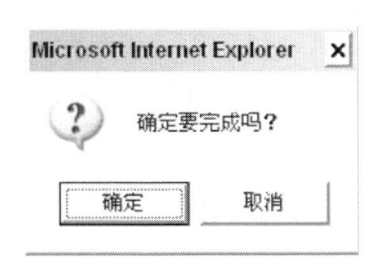

圖 3.50

點擊「確定」按鈕，系統提示如圖 3.51 所示：

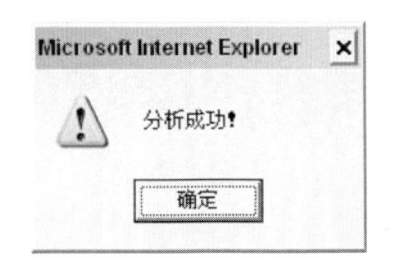

圖 3.51

點擊「確定」按鈕,「經費開支預算」設置完成,後一操作步驟「調查進度計劃」以高亮度(彩色)顯示。

提示:在點擊「完成」之後,經費開支預算信息將不能添加、修改、刪除。

(12)調查進度計劃

點擊「調查進度計劃」按鈕,打開如下界面(圖 3.52):

圖 3.52

點擊「添加」按鈕,在打開頁面中,填寫工作與活動內容、參與單位和活動小組、主要負責人及成員、備註,選擇開始日期、結束日期,如圖 3.53 所示:

圖 3.53

點擊「保存」按鈕,系統提示如圖 3.54 所示:

圖 3.54

點擊「確定」按鈕，添加成功。按照以上方法繼續添加調查進度計劃，如圖 3.55 所示：

圖 3.55

在確認調查進度計劃添加完畢，不需要編輯（修改、刪除）信息後，點擊「完成」按鈕，系統提示如圖 3.56 所示：

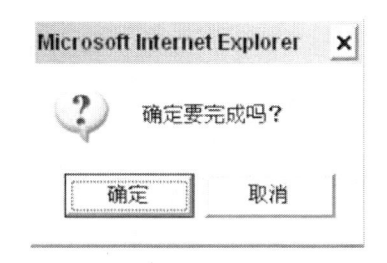

圖 3.56

點擊「確定」按鈕，系統提示如圖 3.57 所示：

圖 3.57

點擊「確定」按鈕,「調查進度計劃」設置完成,後一操作步驟「報告提交方式」以高亮度(彩色)顯示。

提示:在點擊「完成」之後,調查進度計劃信息將不能添加、修改、刪除。

(13) 報告提交方式

點擊「報告提交方式」按鈕,在打開界面中填寫內容,如圖 3.58 所示:

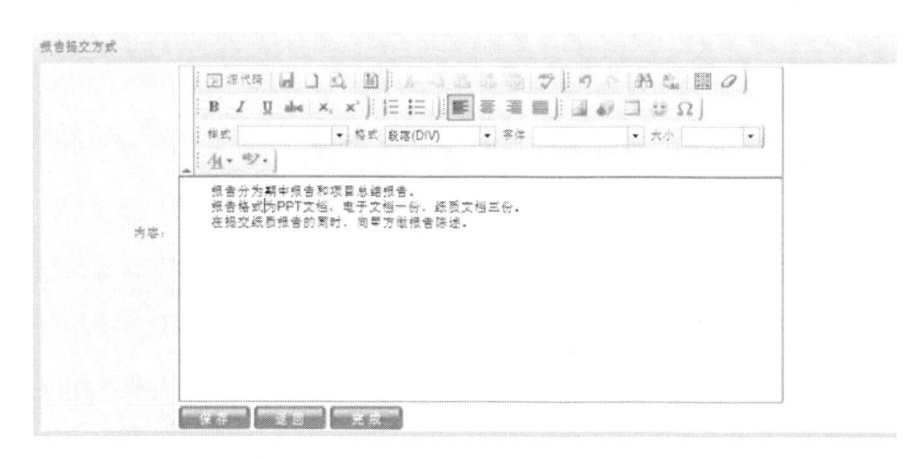

圖 3.58

分別點擊「保存」和「完成」按鈕,完成該步驟。「報告提交方式」設置完成,後一操作步驟「附件部分」以高亮度(彩色)顯示。

(14) 附件部分

點擊「附件部分」按鈕,在打開界面中填寫內容,如圖 3.59 所示:

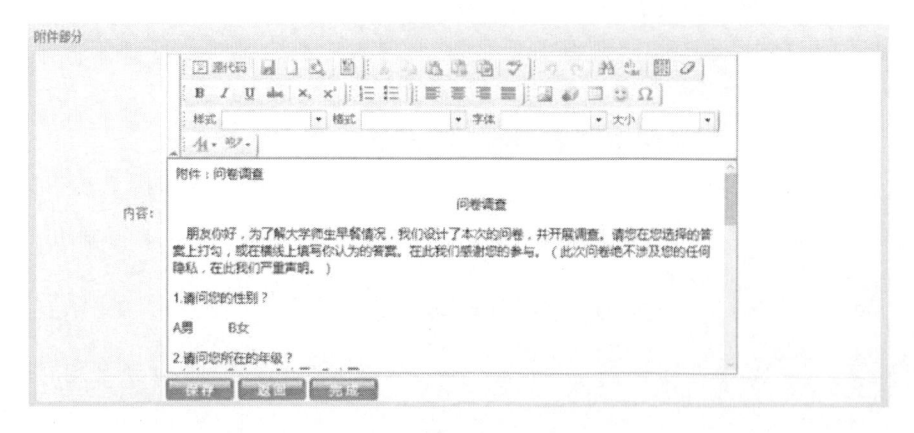

圖 3.59

分別點擊「保存」和「完成」按鈕,完成該步驟。「附件部分」設置完成,後一操作步驟「第二階段→問卷設計」以高亮度(彩色)顯示。

提示：1. 在點擊「完成」之後，就不能修改內容。
　　　2. 系統採用層次遞進式實驗方法，前一階段實驗內容完成後，才能進行後一階段實驗。如，「前言」完成後，才能進行「調查目的」實驗操作。

（15）查看第一階段實驗結果

如果第一階段實驗內容全部填寫、設置完成，則點擊「第一階段」按鈕，將顯示第一階段實驗已填寫、設置完成的實驗全部內容，如圖3.60所示。如果要對第一階段的實驗內容進行修改，可以點擊進入修改。修改結束之後，先點擊「保存」再點擊「完成」，否則修改內容將不能保存。

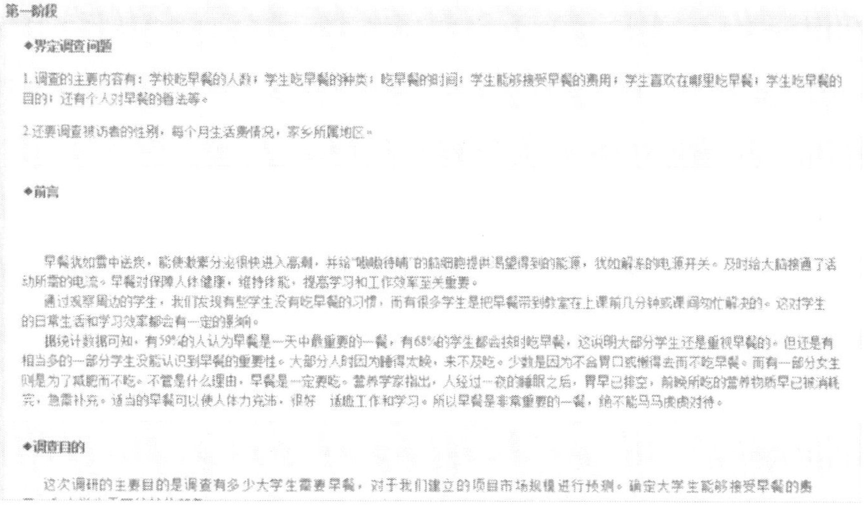

圖3.60

3.4.2　第二階段

第二階段實驗內容包括：問卷設計、抽樣設計、調查人員培訓、收集資料四項。

（1）問卷設計

點擊「問卷設計」按鈕，打開如下界面（見圖3.61）：

圖3.61

點擊「添加試卷」按鈕，在打開頁面中，填寫標題、用途、選擇類型，如圖3.62所示：

047

圖 3.62

點擊「添加」按鈕，系統提示如圖 3.63 所示：

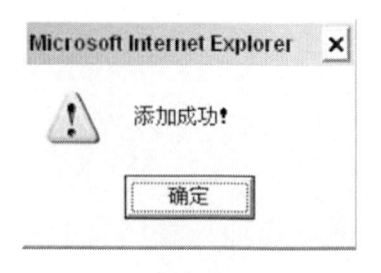

圖 3.63

點擊「確定」按鈕，系統自動跳轉至如下界面（見圖 3.64）：

圖 3.64

點擊「選題」欄中的「選題」，打開如下界面（見圖 3.65）；在此界面中，點擊上方的題型，下方將顯示對應試題。點擊試題旁邊的復選框，將試題選中，即可生成問卷。

圖 3.65

點擊「提交」按鈕，系統提示如圖 3.66 所示：

圖 3.66

點擊「確定」按鈕，試題添加成功！按照以上方法，繼續添加其他題型試題。返回至如下頁面（見圖 3.67）：

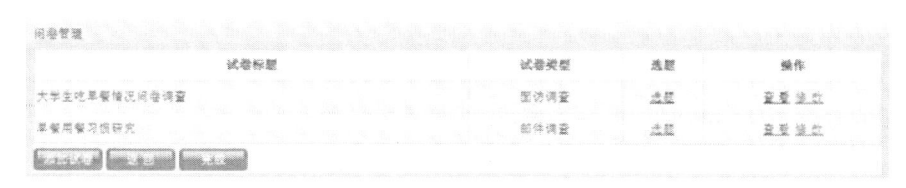

圖 3.67

點擊「完成」按鈕，系統提示如圖 3.68 所示：

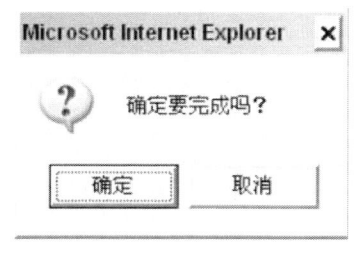

圖 3.68

點擊「確定」按鈕，系統提示如圖 3.69 所示：

圖 3.69

「問卷設計」設置完成，後一操作步驟「第二階段→抽樣設計」以高亮度（彩色）顯示。

提示：1. 在點擊「完成」之後，就不能修改內容。

2. 在設計問卷之前，請先在「題庫管理」模塊中，添加試題。

3. 問卷管理中需要為每一種調查方法設計一種調查問卷，否則系統不會完成該階段。以本案例為例，早餐配送調查有面訪調查和郵件調查兩種調查類型，因此有兩份問卷。

(2) 抽樣設計

點擊「抽樣設計」按鈕，在打開界面中，選擇隨機抽樣和非隨機抽樣方案，如圖 3.70 所示：

圖 3.70

點擊「保存」按鈕，系統提示如圖 3.71 所示：

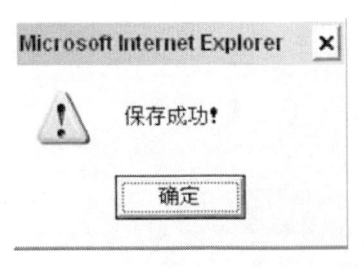

圖 3.71

點擊「確定」按鈕，頁面跳轉至如圖 3.72 所示界面：

圖 3.72

點擊「抽樣誤差分析」按鈕，在打開界面中，填寫抽樣誤差分析結果，如圖 3.73 所示：

圖 3.73

點擊「保存」按鈕，抽樣誤差分析添加成功，點擊「返回」按鈕，返回至如下頁面（見圖 3.74）：

圖 3.74

點擊「完成」按鈕，系統提示如圖 3.75 所示：

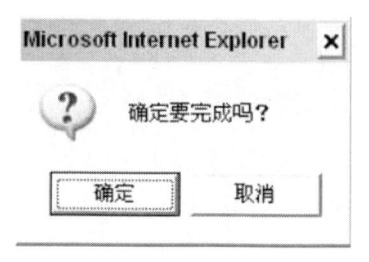

圖 3.75

點擊「確定」按鈕，系統提示如圖 3.76 所示：

圖 3.76

「抽樣設計」設置完成，後一操作步驟「第二階段→調查人員培訓」以高亮度（彩色）顯示。

提示：在點擊「完成」之後，就不能修改內容。

(3) 調查人員培訓

點擊「調查人員培訓」按鈕，在打開界面中，選擇調查人員，如圖 3.77 所示：

圖 3.77

點擊「提交」按鈕，系統提示如圖 3.78 所示：

圖 3.78

點擊「確定」按鈕，頁面跳轉至如圖 3.79 所示界面：

圖 3.79

點擊「完成」按鈕，系統提示如圖 3.80 所示：

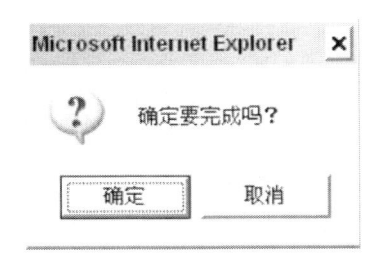

圖 3.80

點擊「確定」按鈕，系統提示如圖 3.81 所示：

圖 3.81

「調查人員培訓」設置完成，後一操作步驟「第二階段→搜集資料」以高亮度（彩色）顯示。

提示：在點擊「完成」之後，就不能修改內容。

示例3-1　神祕顧客培訓

「神祕顧客」（mystery customer）是由經過嚴格培訓的調查員，在規定或指定的時間裡扮演成顧客，對事先設計的一系列問題逐一進行評估或評定的一種商業調查方式。神祕顧客要在身分不暴露的情況下，對測評對象進行客觀公正的評價。因此，對神祕顧客的道德素質、調研專業技能和行業經驗都有很高的要求。神祕顧客的選拔和培訓也是相當嚴格的。

某市場調查公司將神祕顧客的培訓分為 7 個部分：①前言；②項目介紹；③具體問卷說明；④訪問物品使用；⑤神祕顧客訪問流程；⑥問卷填寫標準；⑦異常情況處理。並要求訪問員經過培訓後，考核合格方可上崗。

(4) 收集資料

在問卷設計完畢之後，點擊菜單左側「調研網管理」中的「進入網站」（見圖3.82），學生即可在調研網站上發布在線問卷（見圖3.83）。被訪者在該網站上填寫問卷之後，學生可以根據收集信息分析數據。被訪者也可通過面訪調查、電話調查和郵電調查填寫問卷，以這些方式收集的信息可以通過統計軟件進行分析。本書第四章則介紹了如何通過Excel進行簡單的數據分析。

圖3.82

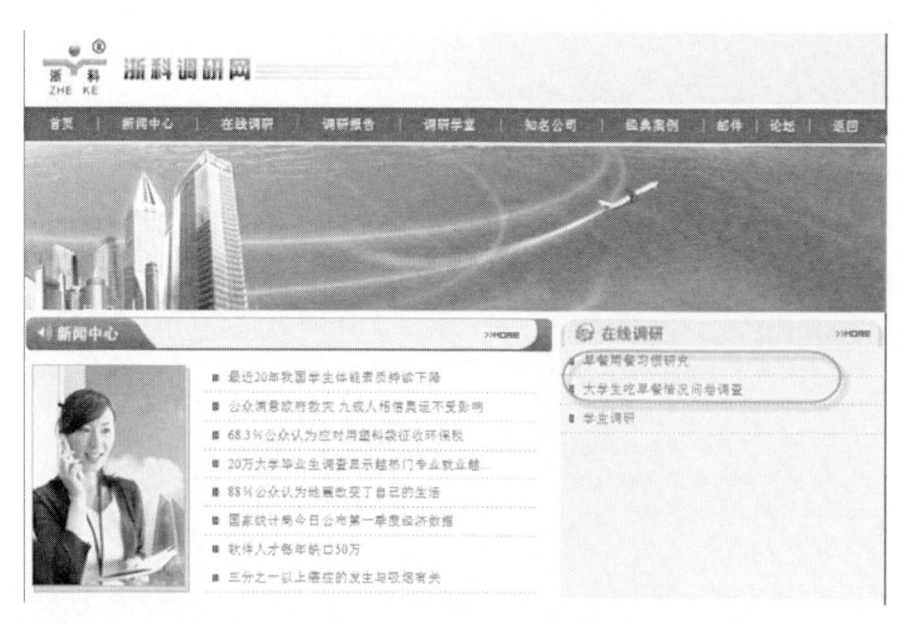

圖3.83

點擊「搜集資料」按鈕，打開如下界面（見圖3.84），對話框中所顯示的名單即是在調研網上填寫了問卷的被訪者。

圖3.84

點擊「查看」欄中的「查看」，打開如下界面（見圖3.85）：

圖3.85

該界面表示該名被訪者沒有完成問卷。完成問卷的被訪者在點擊「查看」後，所彈出的界面如圖3.86所示。

圖3.86

頁面顯示了調研試卷的回答者完成了問卷，點擊「確認問卷有效性」欄中的「查看」，可以查看該調查試卷及調查結果；如果確認該份調查試卷有效，請點擊「確認問卷有效性」欄中的「有效」；反之，請點擊「確認問卷有效性」欄中的「無效」。點擊「確認問卷有效性」欄中的「有效」，系統提示如圖3.87所示：

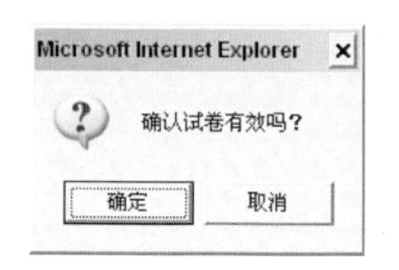

圖 3.87

點擊「確定」按鈕，確認成功，彈出頁面如圖 3.88 所示：

圖 3.88

點擊「返回」按鈕，打開如下界面（見圖 3.89）：

圖 3.89

點擊「完成」按鈕，確認完成。「搜集資料」設置完成，後一操作步驟「第三階段→分析階段」以高亮度（彩色）顯示。

提示：在進行該操作之前，請完成調研網站中調研問卷的填寫與確認。

(5) 查看第二階段實驗結果

如果第二階段實驗內容全部填寫、設置完成，則點擊「第二階段」按鈕，將顯示第二階段實驗已填寫、設置完成的實驗全部內容，如圖 3.90 所示：

圖 3.90

3.4.3 第三階段

第三階段實驗內容為數據分析階段。
（1）分析階段
點擊「分析階段」按鈕，在打開界面中，填寫標題、內容，如圖 3.91 所示：

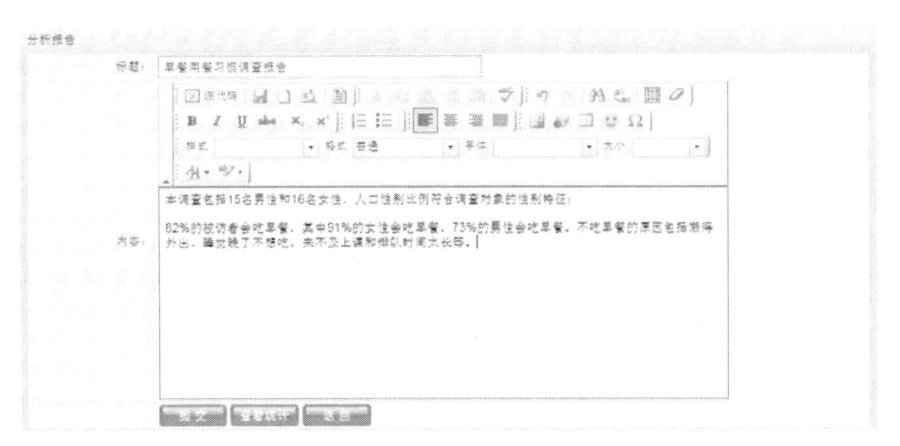

圖 3.91

點擊「提交」按鈕，調研報告提交完成。頁面跳轉後點擊「完成」按鈕，系統提示如圖 3.92 所示：

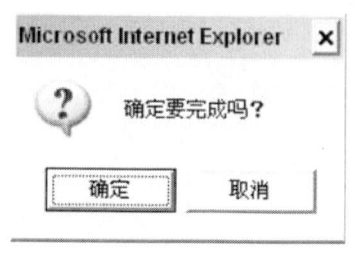

圖 3.92

點擊「確定」按鈕，實驗分析完成。您可以點擊「查看統計」 查看統計 按鈕，來查看調研統計結果，如圖 3.93 所示：

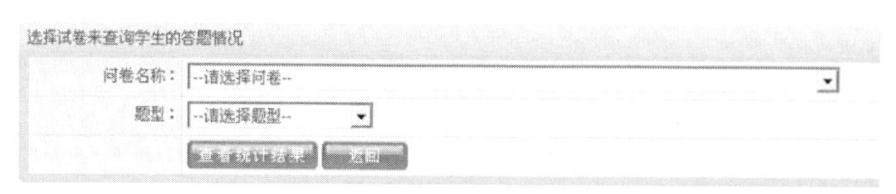

圖 3.93

選擇試卷名稱、題型後，點擊「查看統計結果」按鈕，打開如圖 3.94 所示界面：

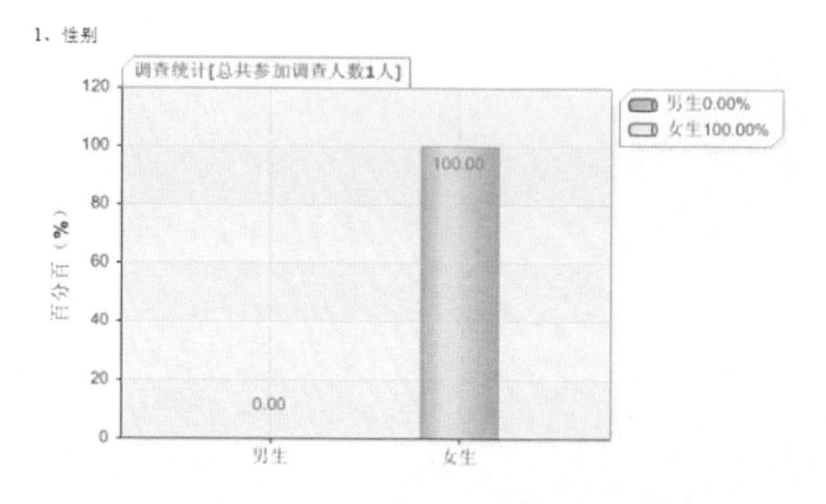

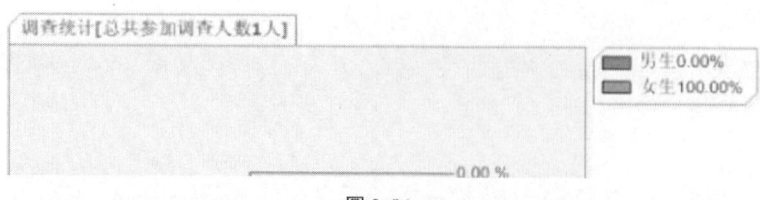

圖 3.94

提示：已完成調查部分以高亮度顯示；未完成調查部分以灰色顯示。

（2）查看第三階段實驗結果

如果第三階段實驗內容全部填寫、設置完成，則點擊「第三階段」 第三階段 按鈕，將顯示第三階段實驗已填寫、設置完成的實驗全部內容。

3.4.4 查看教師評語

完成實驗，教師對實驗進行批閱之後，查看教師批閱信息。

打開如圖 3.95 所示頁面：

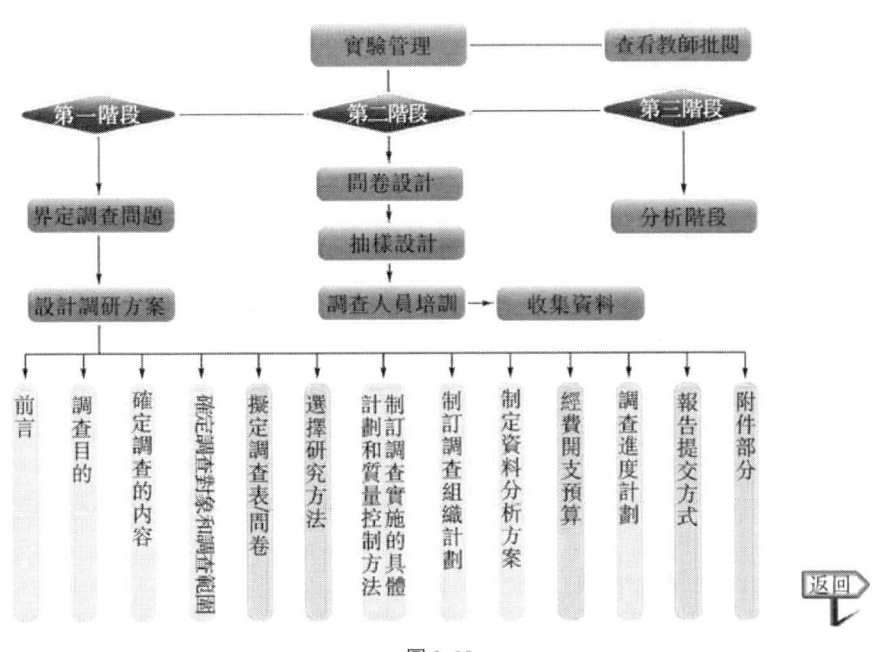

圖 3.95

點擊「查看教師批閱」 查看教師批閱 按鈕，查看教師評語和實驗得分，如圖 3.96 所示：

評語信息
評語內容：實驗完成得很好，基本達到了考核的目的。
得分：90
返回

圖 3.96

3.5 教師實驗準備

在實驗進行之前，教師需要做好以下準備：

3.5.1 建設網路實驗室

（1）服務器

軟件環境：

操作系統：Microsoft Windows 2000 Server + SP3。

數據庫：Microsoft SQL Server 2000 標準版或企業版，安裝時選擇混合模式。

瀏覽器：Internet Explorer 6 + SP1。

.NET 框架：Microsoft 的.NET 框架 1.1，可以從微軟的網站上下載。

IIS：在安裝操作系統的安裝系統組件時，將 Internet 服務管理器選中，系統會自動安裝完成。

硬件配置： CPU 在 PIII 733 以上的專業服務器，內存 512M 以上。如 IBM、HP、DELL、聯想等。

（2）應用端

軟件環境：

操作系統：Microsoft Windows 98 或更高版本。

瀏覽器：Internet Explorer 5.5 以上。

硬件配置： 586 及以上 PC 機。

（3）交換機

DLINK 24 口，3 個。

註：環境是以 50 臺工作站為標準的，如有不同情況，請聯繫本公司，獲取更詳細的實驗室建設方案。

（4）安裝浙科市場調研模擬教學軟件

第一步，在軟件安裝包內點擊 Setup 文件夾中的 Setup.exe 即可開始。詳細安裝說明請與我公司聯繫，索取詳細安裝過程資料。

第二步，安裝結束後，請聯繫浙江航大科技開發有限公司獲取註冊碼，軟件註冊後，便可使用浙科市場調研模擬教學軟件。

第三步，進行數據庫還原。

3.5.2 搭建實驗環境

軟件採用管理員—教師—學生的樹型用戶結構。

在實驗進行之前，管理員添加教師，教師再進行班級和學生管理，設置實驗信息，組織學生實驗。以下為實驗前的準備步驟：

3.5.2.1 管理員添加教師

系統管理員登錄浙科市場調研模擬教學軟件管理員端系統，點擊「教師管理」模塊，添加教師帳號（見圖 3.97）。

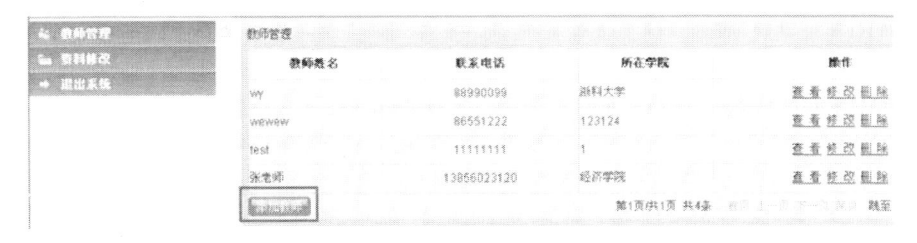

圖 3.97

3.5.2.2 班級管理

教師登錄浙科市場調研模擬教學軟件教師端系統，點擊「班級管理」模塊，添加實驗班級（見圖 3.98）。

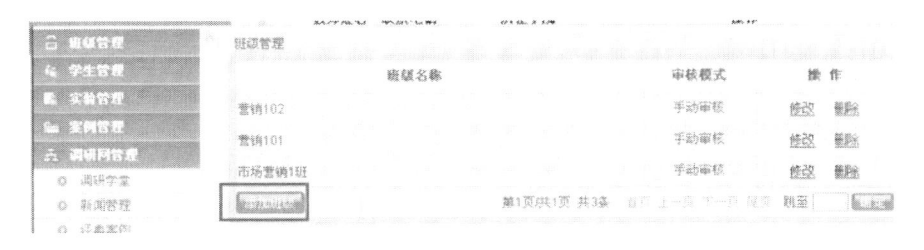

圖 3.98

3.5.2.3 學生管理

班級添加後，向該班級添加學生用戶。點擊「學生管理」模塊，添加參加實驗的學生信息（見圖 3.99）。

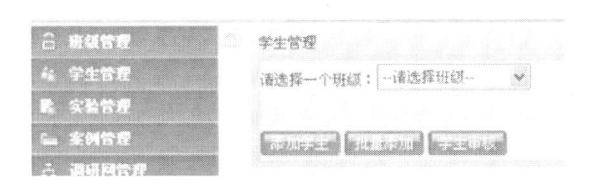

圖 3.99

添加學生信息共有三種方式：單用戶添加、批量添加和學生註冊。

（1）單用戶添加

點擊「添加學生」 按鈕，在打開頁面中，依次填入用戶名、密碼、確認密碼、真實姓名，選擇要添加學生所在的班級，如圖 3.100 所示：

圖 3.100

點擊「保存」按鈕，用戶添加成功。
　　提示：1. 所屬的班級，如果沒有班級可選，請先在班級管理中添加。
　　　　　2. 必須確保「密碼」與「確認密碼」一致。
（2）批量添加（一次生成多個用戶帳號）

　　點擊「批量添加」  按鈕，在打開頁面中，依次填寫用戶名前綴、密碼、確認密碼、批生成數、選擇要添加學生所在的班級，如圖 3.101 所示：

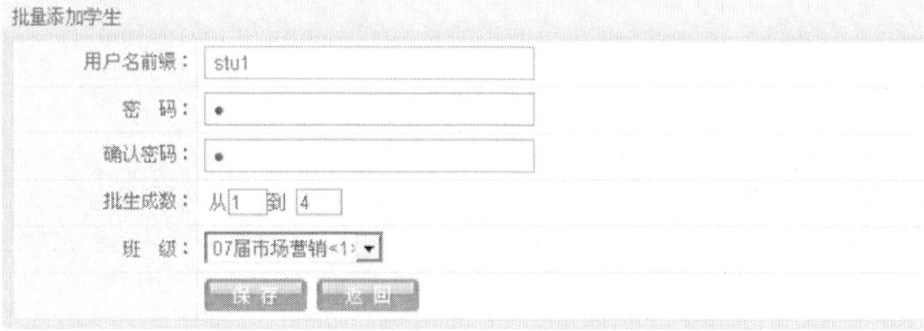

圖 3.101

點擊「保存」按鈕，添加完成。
　　提示：1. 批生成數指生成用戶名的數量範圍。
　　　　　2. 所屬的班級，如果沒有班級可選，請先在班級管理中添加。
　　　　　3. 必須確保「密碼」與「確認密碼」一致。
（3）學生自己註冊，教師審核

　　學生在系統登錄頁面點擊「註冊」，註冊學生信息。若所選擇的班級為教師設置的「自動審核」的班級，註冊成功後就可使用該帳號登錄系統，若班級為「手動審核」，還需待教師審核通過後，才能使用註冊的帳號（見圖 3.102）。

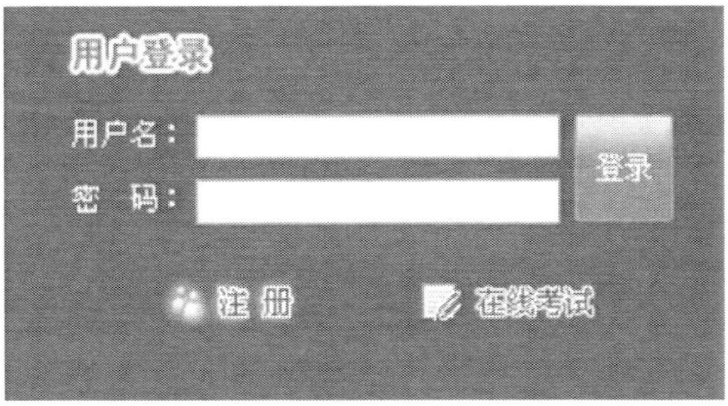

圖 3.102

教師審核：學生管理，如圖 3.103 所示。

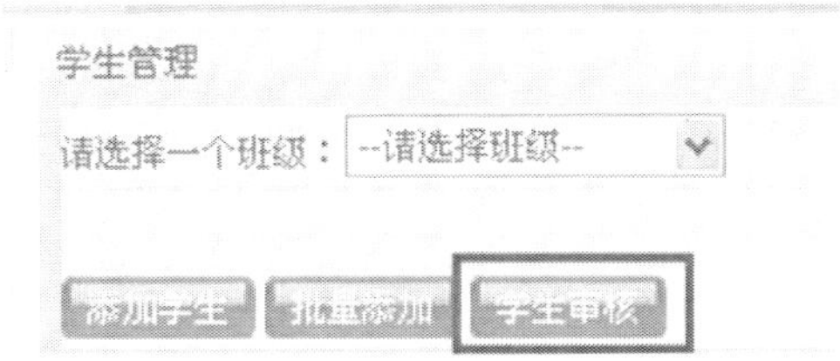

圖 3.103

點擊「學生審核」按鈕，打開如圖 3.104 所示頁面：

圖 3.104

點擊「請選擇一個班級」下拉框，系統自動檢索出該班級中未審核的學生信息，如圖 3.105 所示：

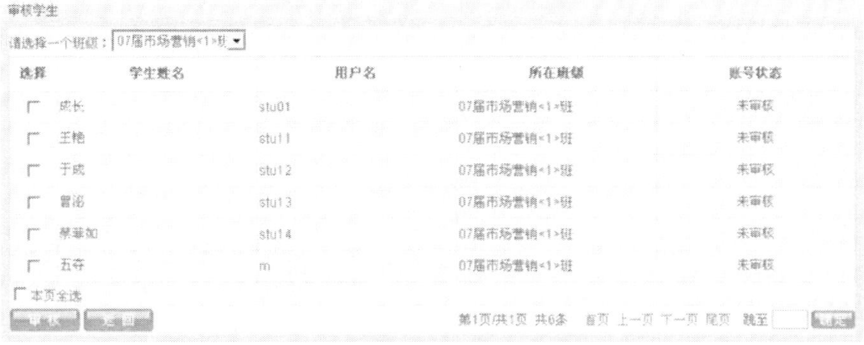

圖 3.105

選擇要審核的學生信息，點擊「審核」按鈕，系統提示如圖 3.106 所示：

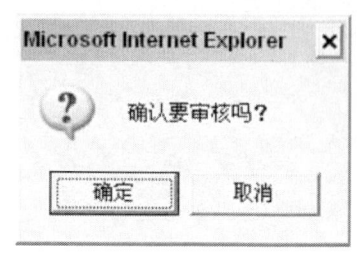

圖 3.106

點擊「確定」按鈕，審核成功。

3.6 本章小結

本章介紹了浙科市場調研模擬教學軟件的應用，第一節為軟件介紹，第二節為軟件界面和功能介紹，第三節通過一個案例的展開，介紹了如何應用軟件來掌握市場調研流程，第四節介紹了教師需要在授課前完成哪些準備工作。通過本章學習，學生應掌握市場調研步驟、市場調查方案的撰寫、調研問卷撰寫、調研報告撰寫等內容。

練習與思考

1. 學生根據指導教師開放的實驗，選擇感興趣的調研題目進行實驗管理。
2. 問卷設計的順序和技巧？
3. 抽樣技術中各種抽樣方法的含義、適用範圍和操作步驟。

4 數據整理與分析

如果學生的調查問卷是通過浙科市場調研模擬教學軟件在線發布的，該軟件會根據問卷的回答情況自動進行數據整理和分析。但是如果學生選擇的調研主題其調研對象不完全是高校學生，或者網上填寫的有效問卷數量不足，學生仍應該通過其他的方式實施市場調研。調研結束後的工作就是數據整理和分析。

對於數據分析部分，有的教材側重於從統計學的角度介紹每一種分析的原理和公式，有的教材也會結合統計分析軟件來介紹每一種分析的操作過程，但是一般會選擇 SPSS 軟件。SPSS（Statistical Package for the Social Sciences）稱為社會科學統計軟件包，是世界上最早的統計分析軟件。其操作簡便、功能全面、廣泛應用於統計學、經濟學、數學、心理學、農業、林業等各個行業。深入全面地挖掘數據的信息的能力，對市場調研取得的初始數據分析起到至關重要的作用。但是 SPSS 也需要獨立安裝，此外未漢化的英文版本給學生的學習加大了難度。因此，本書將理論與實踐結合起來，介紹了如何用 Excel 完成簡單的數據分析。事實上，對於本科學生完成的市場實訓調研或者初學者而言，熟練地掌握 Excel 基本上可以完成數據分析部分的工作。但是如果還要繼續深入，學生仍然需要學習並掌握其他統計軟件。

4.1 Excel 軟件介紹

Microsoft Excel 是微軟公司的辦公軟件 Microsoft office 的組件之一，是由 Microsoft 為 Windows 和 Apple Macintosh 操作系統的電腦而編寫和運行的一款試算表軟件。Excel 是微軟辦公套裝軟件的一個重要的組成部分，它可以進行各種數據的處理、統計分析和輔助決策操作，廣泛地應用於管理、統計財經、金融等眾多領域。Excel 中有大量的公式函數可以應用選擇，使用 Microsoft Excel 可以執行計算，分析信息並管理電子表格或網頁中的數據信息列表與數據資料圖表的製作，可以實現許多方便的功能，給使用者帶來方便。Excel 是基於大學學習過程中相對比較基礎和重要的軟件之一。由於 Excel 應用廣泛、操作簡單以及與其他分析軟件的兼容性，在處理一些簡單的數據分析時，Excel 是一個可行的選擇。本書以 Excel2010 版本為基礎，將常用的 Excel 分析功能進行了演示，包括單變量的描述統計分析、多變量的迴歸分析、相關分析和方差分析，部分市場預測方法也可以利用 Excel 實現。

4.2 單變量的數據集中趨勢分析

4.2.1 平均值

平均值（mean）是描述樣本數據集中趨勢最基本、最簡單、最常用的一個統計量，它表示一系列數據或統計總體的平均特徵。在 Excel 中，用 AVERAGE 指令可以完成對目標數據的平均值分析。

【例 4.1】某高校調查大學生日常支出的情況如表 4.1 所示，採用隨機抽樣的方法抽取本校 60 名學生，每位學生的平均月消費如表 4.1 所示，樣本每個月的平均消費是多少？

表 4.1　　　　　　　　某高校大學生月平均消費表　　　　　　　　單位：元

850	1,990	2,000	1,740	1,610	830	1,840	1,650	1,810	2,160
1,530	1,550	2,220	780	700	1,140	1,760	940	1,920	1,410
2,380	1,320	1,480	1,760	1,520	2,370	1,340	1,570	1,070	1,850
1,970	1,030	2,220	790	810	2,170	830	1,960	2,340	680
2,340	1,050	1,370	930	1,180	1,780	960	1,820	1,950	870
2,190	1,120	1,800	1,890	1,550	680	870	1,590	2,160	980

選擇「公式」→「其他函數」→「統計」→「AVERAGE」函數，如圖 4.1 所示。彈出「AVERAGE」函數對話框，鼠標拖動選定數據或直接在「函數參數」中輸入選定數據範圍，例如 A1：J6，如圖 4.2 所示。點擊「確定」按鈕，即得到平均值。即樣本每個月的平均消費是 1,516 元，如圖 4.3 所示。

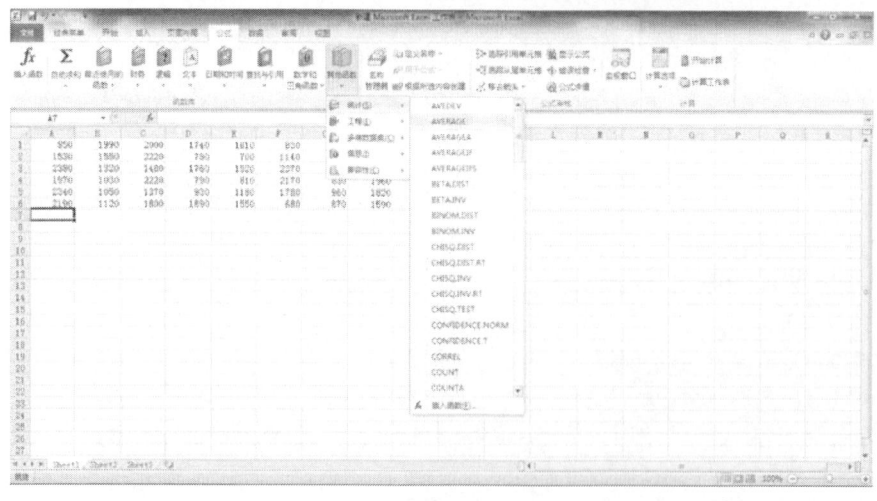

圖 4.1

圖 4.2

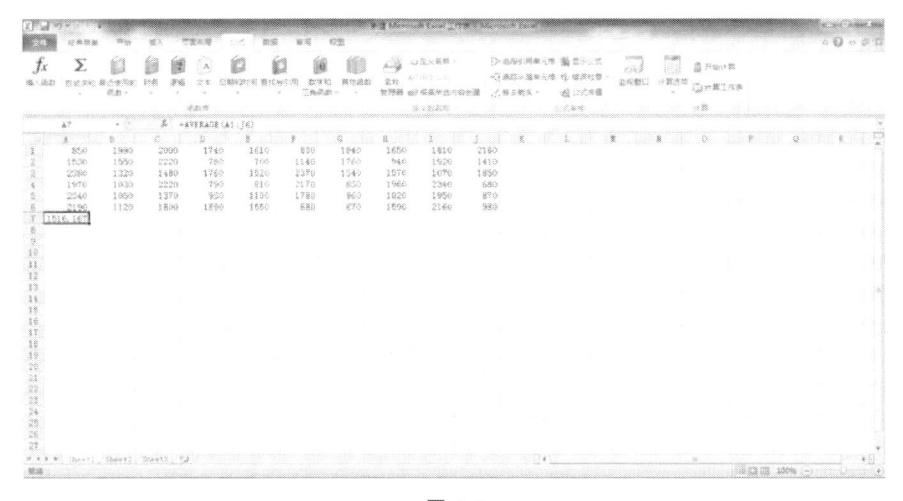

圖 4.3

4.2.2 中位數

中位數（median）是指將總體或樣本數據按從小到大或從大到小順序排列起來，形成一個數列，居於數列中間位置的那個數據。如果總體或樣本的總數個數是奇數，按由小到大順序排在中間位置的數即為中位數；如果總體或樣本的總數個數是偶數，按從小到大的順序，排在中間位置那兩個數的平均值則為中位數。由此可見，中位數不一定是總體或樣本中的某個數據。

【例 4.2】對例 4.1 中的大學生消費水平求中位數。

選擇「公式」→「其他函數」→「統計」→「MEDIAN」函數，如圖 4.4 所示。彈出「MEDIAN」函數對話框，鼠標拖動選定數據或直接在「函數參數」中

067

輸入選定數據範圍，例如 A1：J6，如圖 4.5 所示。點擊「確定」按鈕，即得到中位數值。即樣本每個月的消費中值是 1,560 元，如圖 4.6 所示。

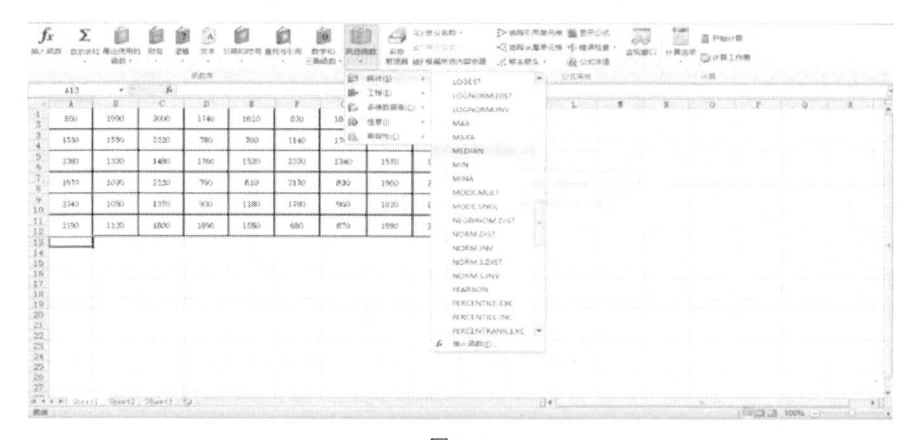

圖 4.4

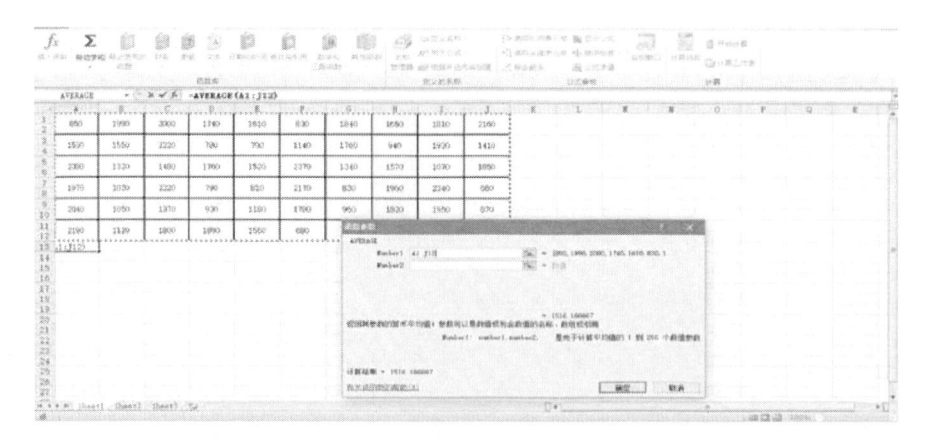

圖 4.5

圖 4.6

4.2.3 眾數 MODE

眾數（Mode）是一組數據中出現次數最多的數值，也可以認為是一組數據中占比例最多的數值。有時眾數在一組數中有好幾個，此時用眾數代表一組數據，可靠性較差，不過，眾數不受極端數據的影響，並且求法簡便。在一組數據中，如果個別數據有很大的變動，選擇眾數表示這組數據的「集中趨勢」就比較適合。當數值或被觀察者沒有明顯次序（常發生於非數值性資料）時，由於可能無法良好定義算術平均數和中位數，計算眾數顯得特別有用。

【例 4.3】對例 4.1 中的大學生消費水平求眾數。

選擇「公式」→「其他函數」→「統計」→「MODE」函數，如圖 4.7 所示。彈出「MODE」函數對話框，鼠標拖動選定數據或直接在「函數參數」中輸入選定數據範圍，例如 A1：J6，如圖 4.8 所示。點擊「確定」按鈕，即得到眾數數值。即樣本每個月消費費用出現次數最多的是 830 元，如圖 4.9 所示。

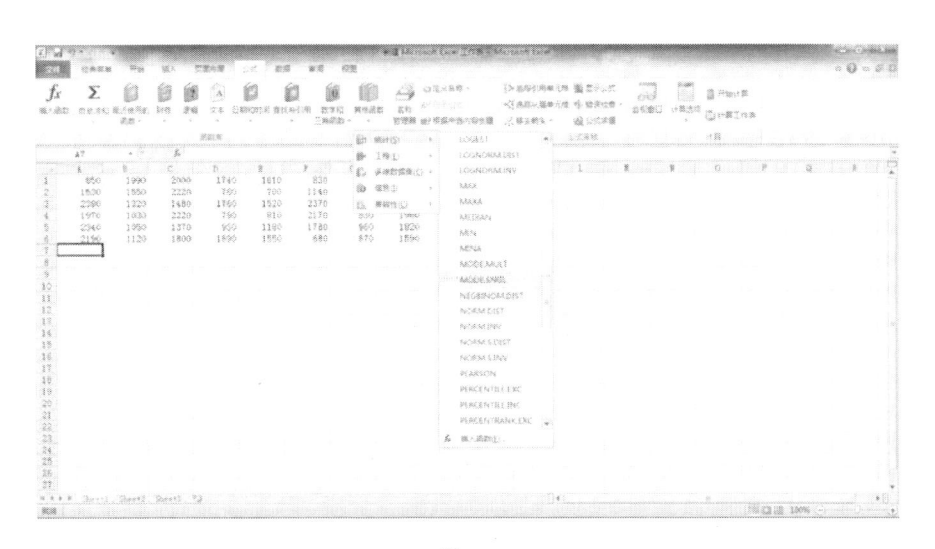

圖 4.7

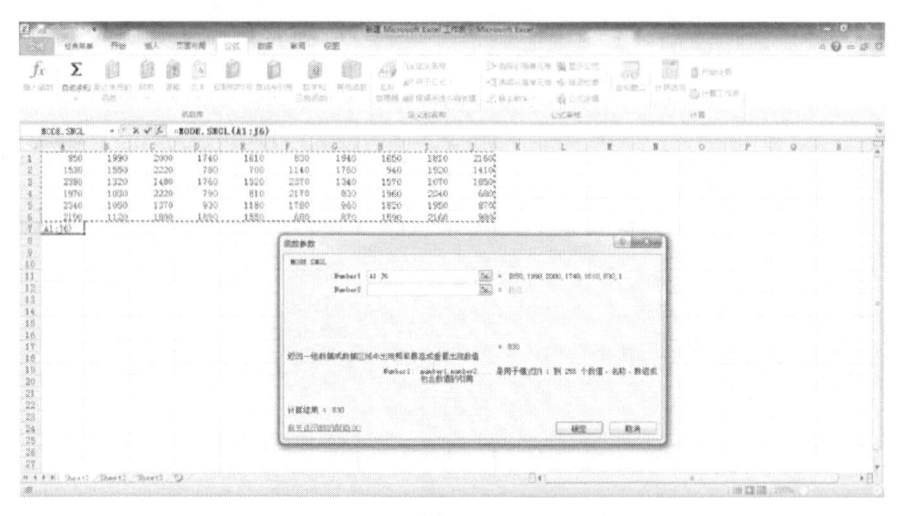

圖 4.8

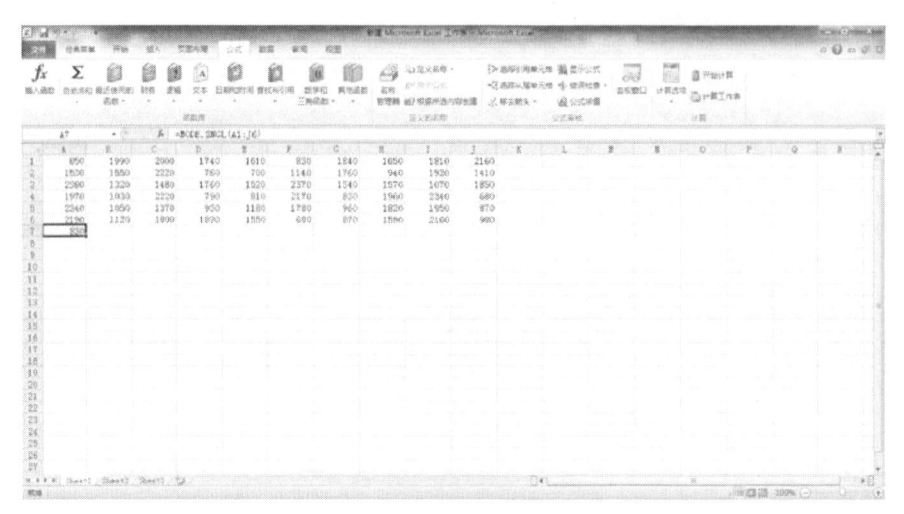

圖 4.9

4.3 單變量的數據離散程度分析

4.3.1 方差 STDEV 指令

方差（統計學名詞）是指各個數據與平均數之差的平方的平均數，即 $s^2 = 1/n[(x1-x\_)^2+(x2-x\_)^2+...+(xn-x\_)^2]$，也就是和中心偏離的程度。方差用來衡量一批數據的波動大小（即這批數據偏離平均數的大小）。在樣本容量相同的情況下，方差越大，說明數據的波動越大，越不穩定。

【例4.4】 對例4.1中的大學生消費水平求方差。

選擇「公式」→「其他函數」→「統計」→「STDEV」函數，如圖4.10所示。彈出「STDEV」函數對話框，鼠標拖動選定數據或直接在「函數參數」中輸入選定數據範圍，例如A1：J6，如圖4.11所示。點擊「確定」按鈕，即得到方差STDEV數值。可得樣本中大學生消費水平的方差為515.286,6，由此說明大學生的消費水平波動較大。如圖4.12所示。

【注意：STDEV.S 假設其參數是總體樣本。如果數據代表整個總體，應使用STDEV.P 計算標準偏差。但對於大樣本容量，函數STDEV.S 和STDEV.P 計算結果大致相等。】

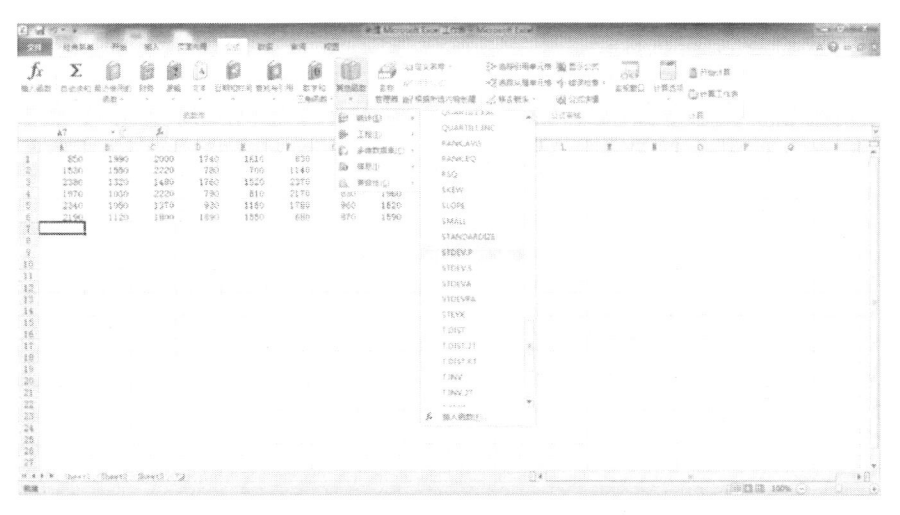

圖4.10

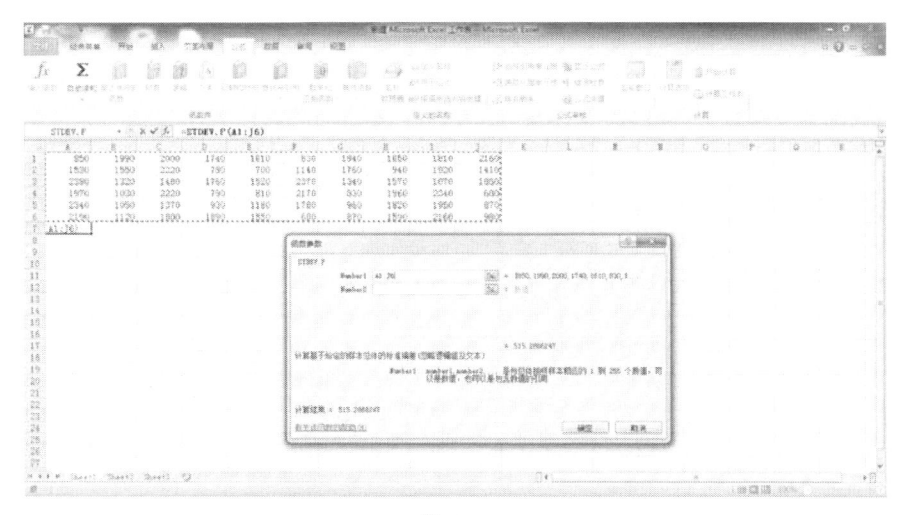

圖4.11

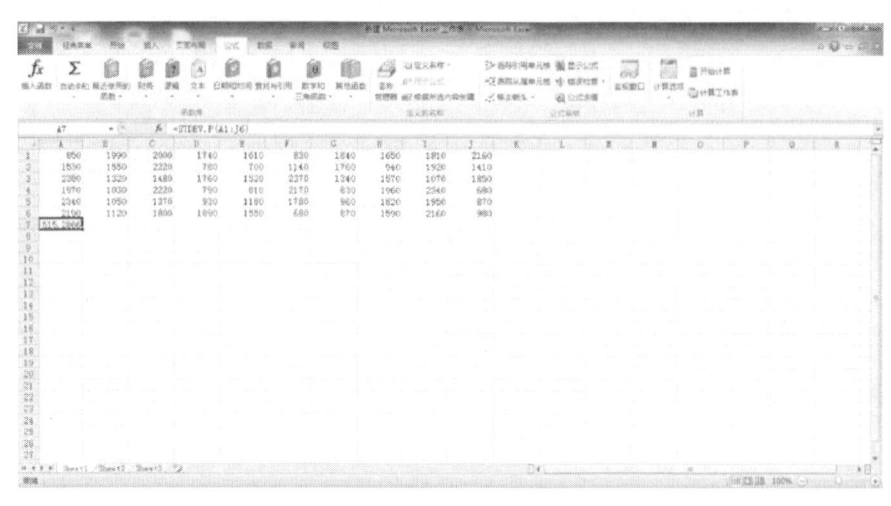

圖 4.12

4.3.2　頻率 FREQUENCY 指令

頻率（統計名詞）計算數值在某個區域內的出現頻率，然後返回一個垂直數組。例如，使用函數 FREQUENCY 可以在分數區域內計算測驗分數的個數。由於函數 FREQUENCY 返回一個數組，所以它必須以數組公式的形式輸入。並且返回的數組得到的是累計頻率值。

【例 4.5】對例 4.1 中的大學生消費水平求某個消費水平段出現的頻率。

首先將樣本的消費數值分為四個水平段，分別是 1,000 元以下，1,000 到 2,000 元，2,000 到 3,000 元，以及 3,000 元以上。此時的分段點分別是 1,000、2,000、3,000，如圖 4.13 所示。值得注意的是，現在的數據分段是人為的，研究人員也可以根據調查需要將樣本劃分為其他數據段。

圖 4.13

選擇「公式」→「其他函數」→「統計」→「FREQUENCY」函數，如圖4.14所示。彈出「FREQUENCY」函數對話框，如圖4.15所示。對話框要求填入兩組參數，date_array 表示數據陣列，填入的是要做頻率分析的數據組，本例中為 A1：J6。Bins_array 表示分組陣列，即對什麼數據段進行統計，本例中為 A17：B17。點擊「確定」按鈕，即得到頻率 FREQUENCY 數值。即可得樣本中大學生消費水平<1,000 的有 15 人，重複以上操作便可得到在研究者設計的分組段的所有累計頻率。如圖4.16所示。

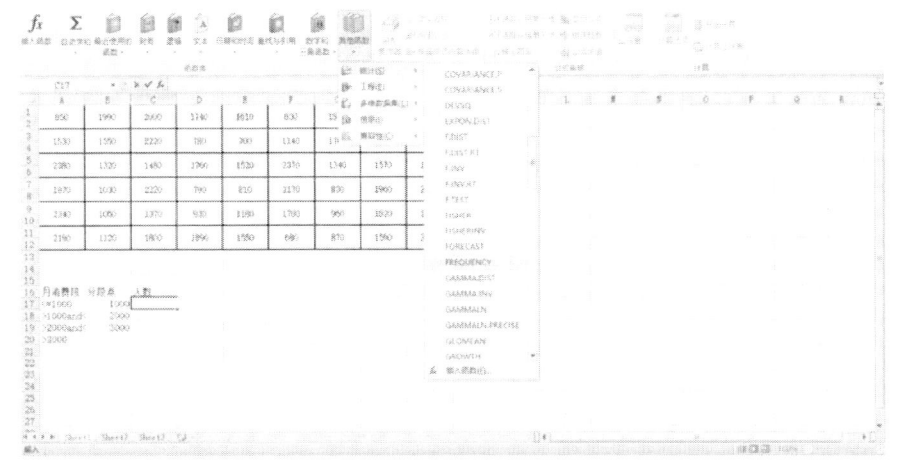

圖 4.14

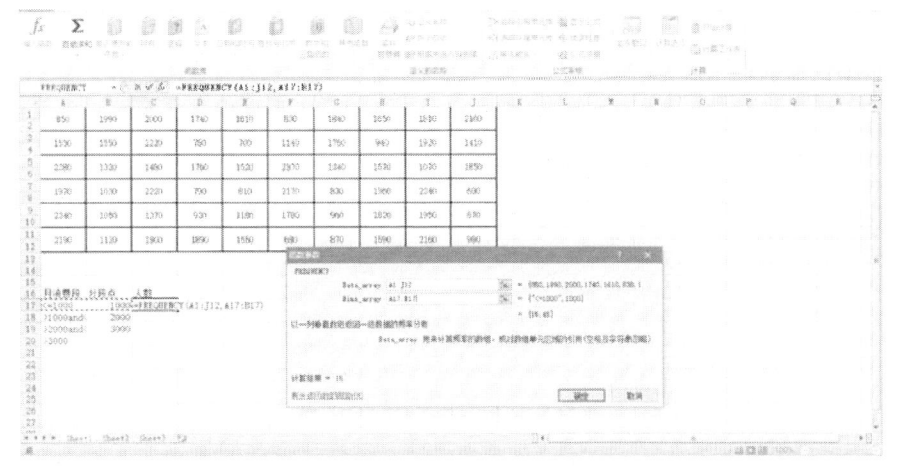

圖 4.15

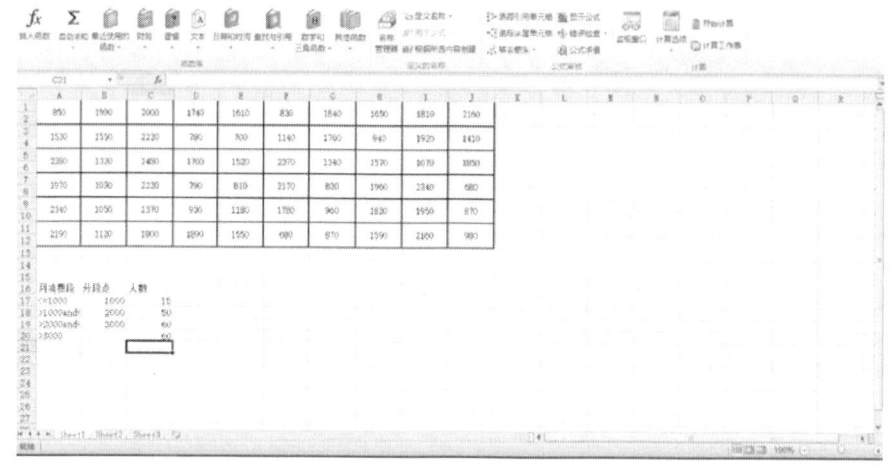

圖 4.16

4.3.3　四分位點內距 QUARTILE 指令

四分位點是指根據 0 到 1 之間的百分點值返回數據集的四分位數。例如，可以使用函數 QUARTILE.INC 求得樣本總體中前 25% 的消費值。在 excel 中有 QUARTILE.INC 和 QUARTILE.EXC 兩個公式，QUARTILE.INC 表示含有端點 0 和 1 的數組，QUARTILE.EXC 表示不含 0 和 1 的數組。這裡端點值對研究者的影響不大，所以研究者選擇 QUARTILE.EXC 公式。

【例 4.6】對例 3.1 中的大學生消費水平求四分位點。首先按照四分位點的分組要求將返回的值分成 0、1、2、3、4 五個數組，如 4.17 所示。

圖 4.17

選擇「公式」→「其他函數」→「統計」→「QUARTILE.INC」函數，如圖 4.18 所示。彈出「QUARTILE.INC」函數對話框，鼠標拖動選定數據或直接在「函數參數」中輸入選定數據範圍（date_array），例如 A4：J9。選定數據範圍（date_array）後再選擇分組數據（Bins_array），例如 L1，如圖 4.19 所示。點擊「確定」按鈕，即得到頻率 QUARTILE.INC 數值。即可得樣本中大學生消費水平在起始點時的數值為 680，重複以上操作便可得到研究者所要求的所有的四分位點值，在第一個四分位點的數值是 107.5，如圖 4.20 所示。

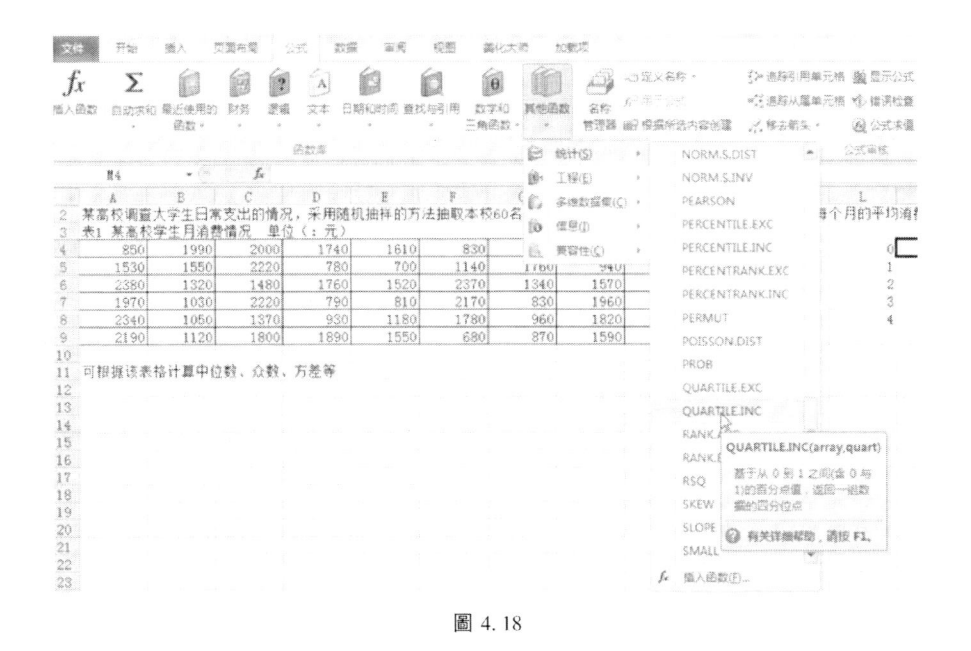

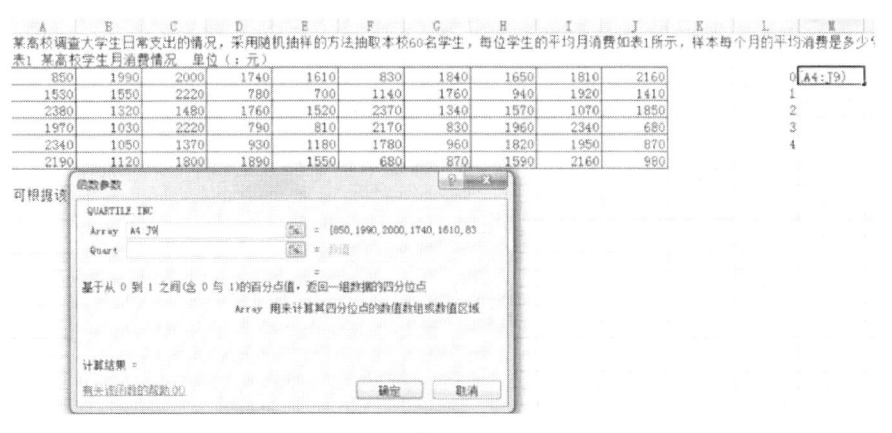

圖 4.18

圖 4.19

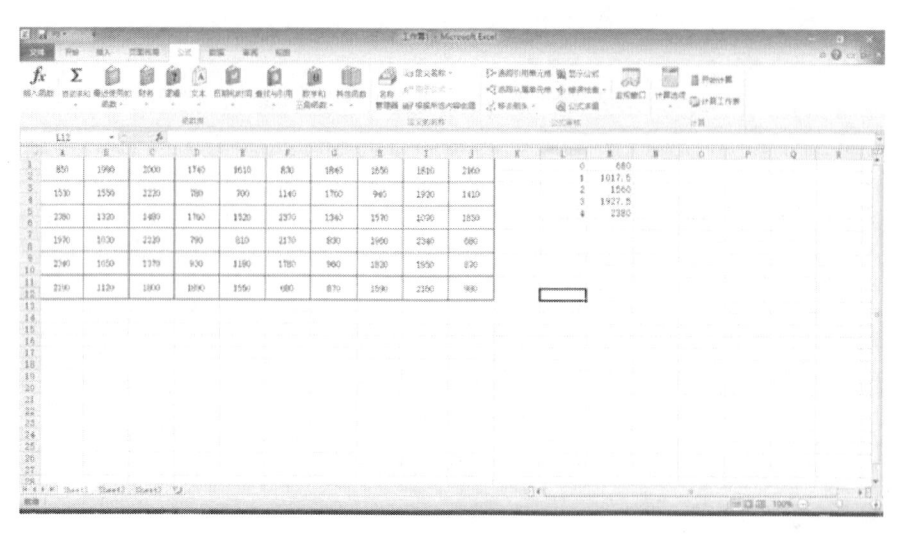

圖 4.20

4.4 常見的多變量分析

多變量分析是單變量分析的延伸，是當統計資料中有多個變量的時候同時存在的統計分析。常見的多變量分析包括相關分析、迴歸分析、聚類分析和因子分析等。使用 SPSS 等統計軟件可以方便快捷地進行多變量分析，Excel 也可以承擔一些簡單的多變量分析。

4.4.1 簡單相關分析

相關分析（correlation analysis）是研究變量之間是否存在某種依存關係，並對具體有依存關係的現象探討其相關方向以及相關程度。比如學生自信心與學習興趣之間是否存在依存關係。

相關分析的分類如下：

（1）根據涉及變量數量分類。根據相關關係涉及的變量個數將其分為簡單相關和復相關。簡單相關：研究一個變量和另一個變量之間的相關關係。如日照時間和西瓜甜度的關係。復相關：研究一個變量和另一組變量之間的相關關係。如學生的學習成績與學習時間及上課認真程度之間的相關關係。

（2）根據表現形式分類。根據相關關係表現形式不同分為線性相關和非線性相關。線性相關：一種變量變化時，其變化量與另一個變量的變化量有大致相同比例的變化。非線性相關：又稱曲線相關，變量之間相關關係散點圖中的點接近於一條曲線。

（3）根據變化的方向分類。根據相關方向不同分為正相關和負相關。正相

關：兩個變量同增同減趨於在同一個方向變化。負相關：一個變量增加另一個變量卻減少，兩個變量趨於相反方向變化。

（4）根據相關程度分類。根據相關程度可將相關關係分為不相關、低度相關、顯著相關、高度相關和完全相關。不相關：兩變量的變化相互完全沒有關係。完全相關：一個變量的變化完全由另一變量的變化所確定。低度相關、顯著相關和高度相關則位於完全相關和相關之間。

Excel能夠體現簡單線性的相關分析，更為複雜的相關分析可以使用SPSS軟件來實現。

【例4.7】某學校以學生的學習興趣為主題展開了調查，其中學生自信心和學習興趣的數據見附錄1，學生自信心與學習興趣是否存在相互關係？

選擇「數據」→「數據分析」→「相關係數分析」→「確認」，如圖4.21所示。彈出「相關係數」分析對話框，鼠標拖動選定數據輸入選定數據輸入區域，例如A2：B193。再選擇輸出區域，例如C6。如圖4.22所示。點擊「確定」按鈕，即得相關的數據分析。即可得到樣本中自信心與學習興趣相關的系數分析。此時得到的相關係數是指學生自信心和學生興趣之間的線性相關係數，相關係數的絕對值越大，說明兩個變量之間的線性相關性越強。由結果0.217,352<0.5這個數據可以看出自信心與學習興趣的線性相關性不強，如圖4.23所示。

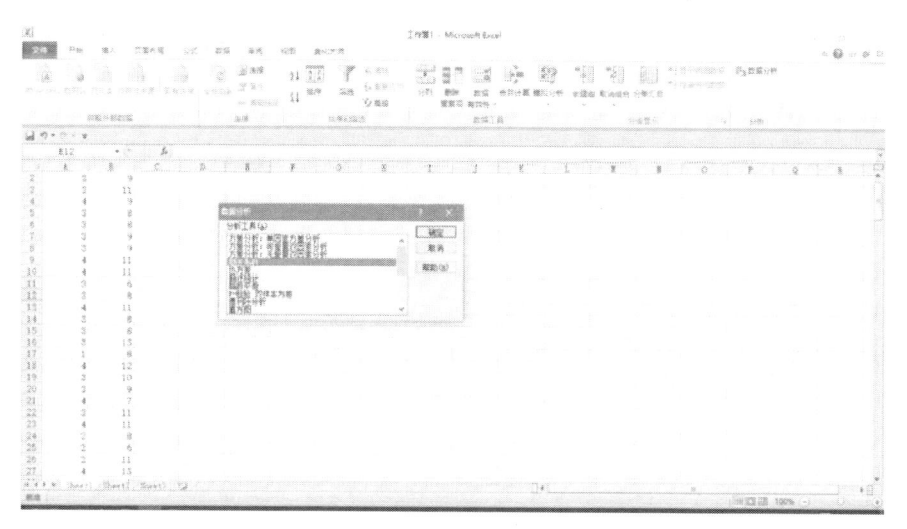

圖4.21

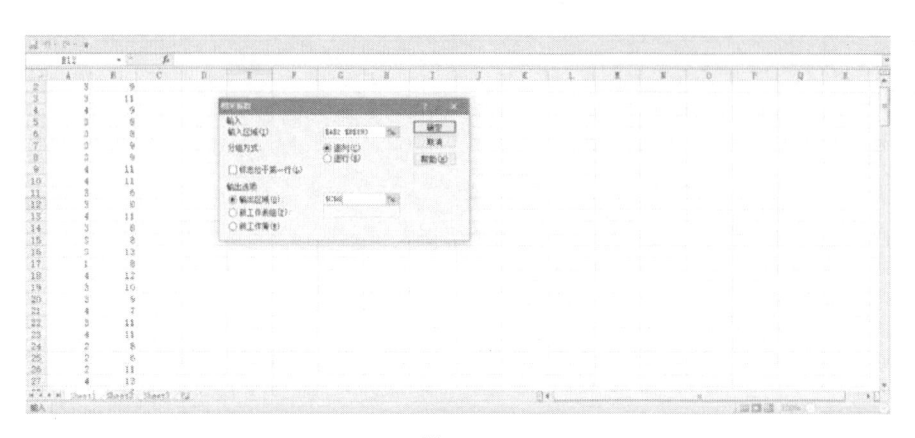

圖 4.22

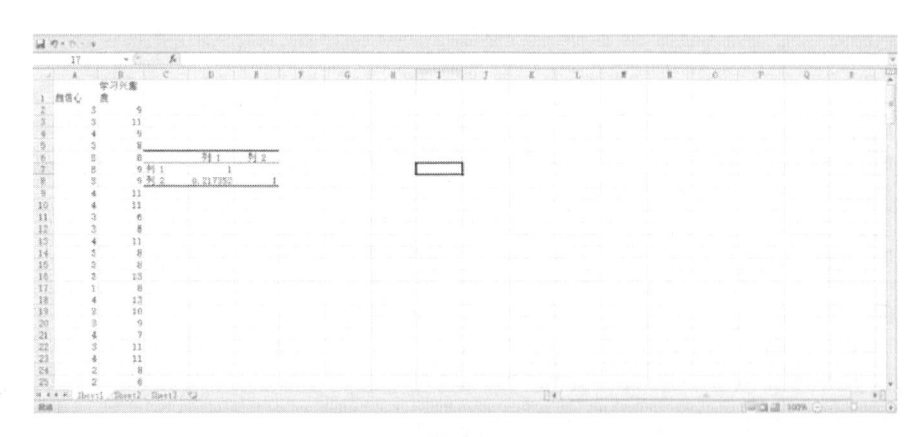

圖 4.23

4.4.2 迴歸分析

迴歸分析（regression analysis）確定兩個或兩個以上變量間相互依賴的定量關係。例如，在迴歸分析中研究者確定了學習自信心與學習興趣之間存在一定的依存關係，但是到底是學習自信心影響學習興趣還是學習興趣影響學習自信心，以及影響程度如何，則需要通過迴歸分析來確定。根據自變量的數目，迴歸分析可分為一元迴歸和多元迴歸。根據變量之間的關係式，可分為線性迴歸和非線性迴歸。利用 Excel 可以完成變量之間的一元線性迴歸。

【例 4.8】分析例 4.7 中學習自信心與學習興趣之間的迴歸分析。

選擇「數據」→「數據分析」→「迴歸」→「確認」，如圖 4.24 所示。彈出「迴歸」分析對話框，可以看到 x 的輸入區域和 y 值的輸入區域（x 代表數據的自變量，y 表示數據的因變量）。鼠標拖動選定 y 值輸入區域，例如 \$B\$2：\$B\$193。再選定 x 輸入區域，例如 \$A\$2：\$A\$193。選定對話框中的標誌，置信度，選定

輸出區域，例如 C2。其他選項比如殘差、正態分布，根據要求可以自行選擇，如圖 4.25 所示。點擊「確定」按鈕，即得相關的數據分析。即可得到樣本中自信心與學習興趣的迴歸分析，如圖 4.26 所示。

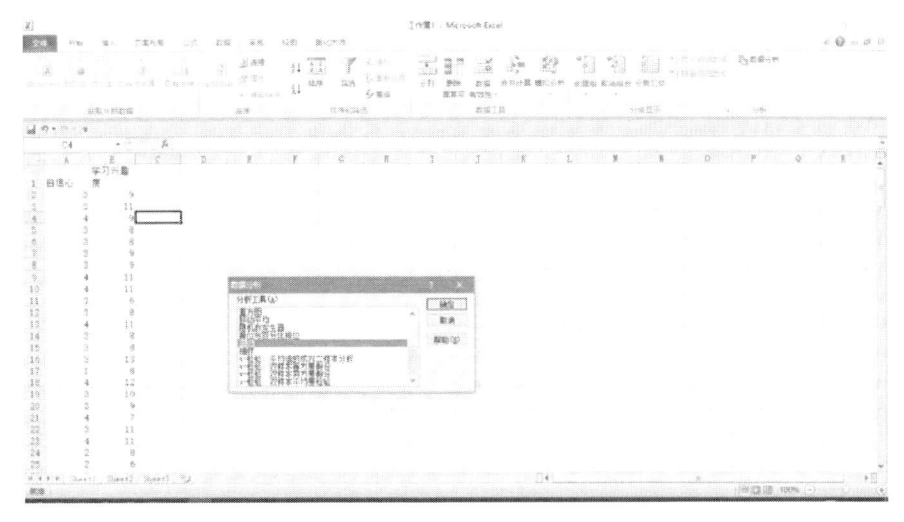

圖 4.24

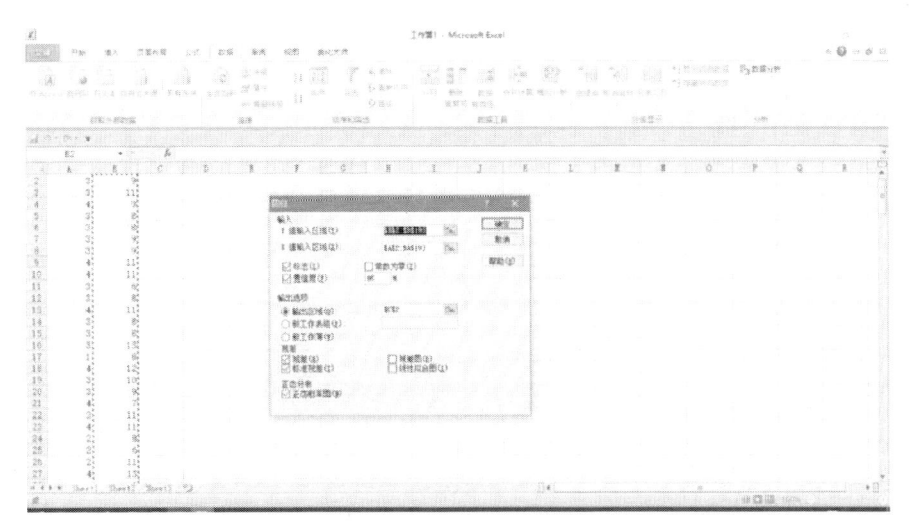

圖 4.25

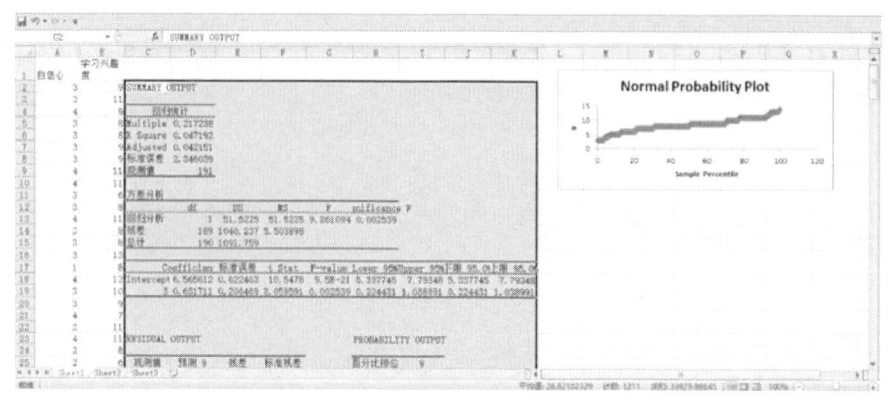

圖 4.26

4.4.3 方差分析

方差分析（analysis of variance，簡稱 ANOVA），又稱 F 檢驗，主要用於兩個及兩個以上的樣本在某一變量均值上差別的顯著性檢驗。方差分析較多地通過 SPSS 軟件進行，在 Excel 軟件中，方差分析分為：①方差分析：單因素。此工具可對兩個或更多樣本的數據執行簡單的方差分析。此分析可提供一種假設測試，即每個樣本都取自相同的基礎概率分布，而不是對所有樣本來說基礎概率分布各不相同的其他假設。②方差分析：包含重複的雙因素。此分析工具可用於當數據可沿著兩個不同的維度分類時的情況。③方差分析：無重複的雙因素。此分析工具可用於當數據項包含重複的雙因素那樣按照兩個不同的維度進行分類時的情況。但是，對於此工具，假設每一對值只有一個觀察值。

【例4.9】分析例3.7中學習自信心與學習興趣之間的方差分析。

根據研究者收集到的數據樣本，選擇方差分析：單因素分析。選擇「數據」→「數據分析」→「方差分析」→「確認」，如圖4.27所示。彈出「方差分析—單因素方差分析」對話框，鼠標拖動選定數據輸入區域，例如 A2：B193。再選擇輸出區域，例如 C4，如圖4.28所示。點擊「確定」按鈕，即得相關的數據分析。可得到樣本中自信心與學習興趣相關的方差分析，如圖4.29所示。

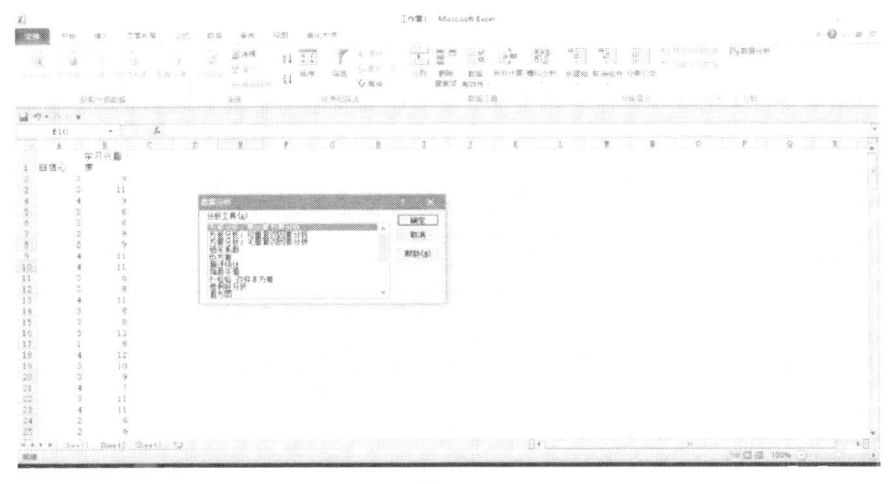

圖 4.27

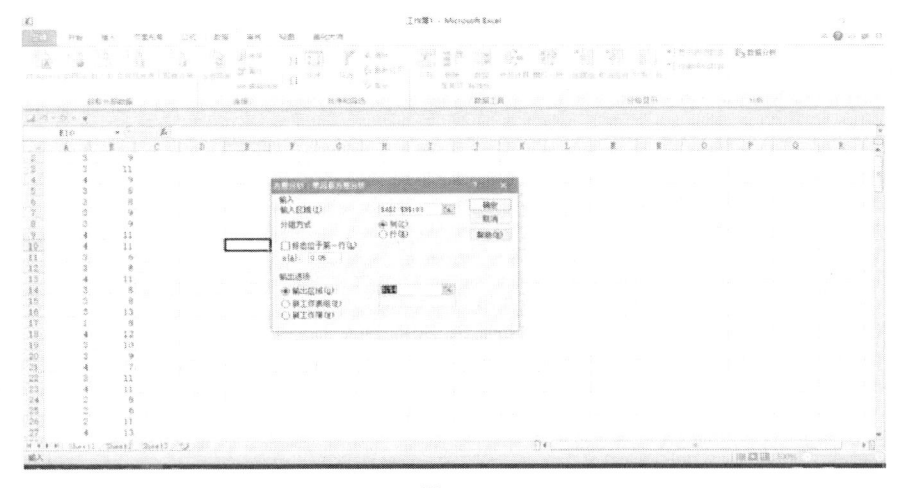

圖 4.28

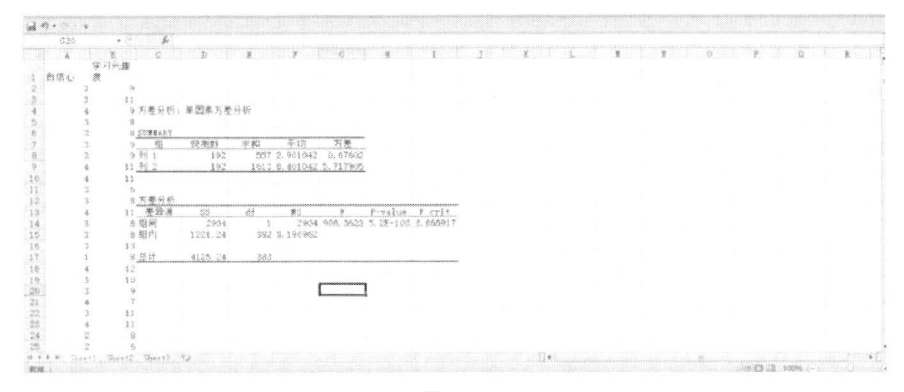

圖 4.29

4.5 其他分析

4.5.1 隨機數的產生

隨機數是指在等概率條件下,隨機出現的一個數,它與前後數據都沒有關係。在市場調查中經常會使用隨機數。比如簡單隨機抽樣中的隨機數表抽樣,或者在等距抽樣中,要隨機選擇第一個數據。隨機數的產生有很多種方法,利用 Excel 可以很方便地產生隨機數。

【例 3.10】如何在 1,000 個樣本中隨機挑選出 50 個樣本作為研究對象?

1. 對樣本賦予序列號 1 到 1,000。

2. 採用 RANDBETWEEN 函數。在單元格中輸入公式 = RANDBETWEEN(1, 1,000),其中 1 表示要生成的隨機整數的下限,1,000 表示要生成的隨機整數的上限。然後用鼠標左鍵單擊單元格右下角的填充柄不放拖動到其他單元格區域,即可生成一批 1 到 1,000 範圍內的隨機整數。如圖 4.30 所示。

3. 將隨機數相應序號的樣本作為抽樣樣本,即序號為 505、291、753、459、658 的樣本都是抽樣樣本。

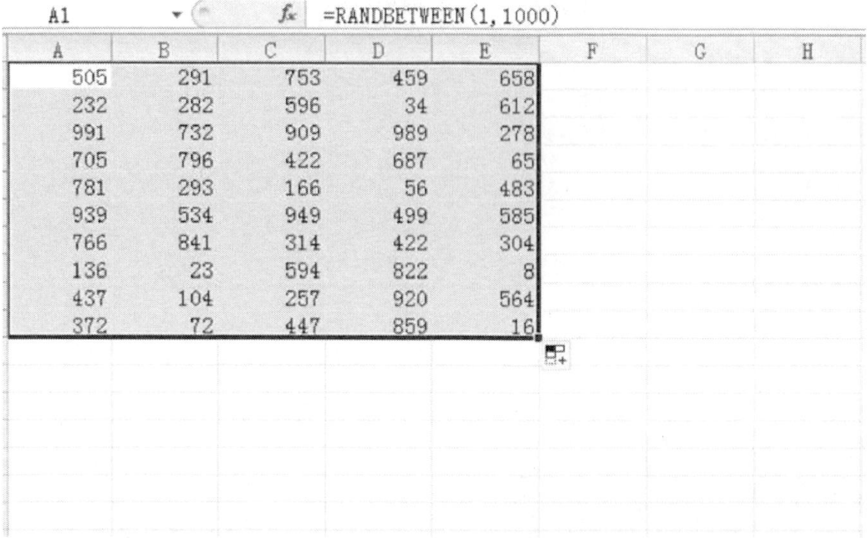

A	B	C	D	E
505	291	753	459	658
232	282	596	34	612
991	732	909	989	278
705	796	422	687	65
781	293	166	56	483
939	534	949	499	585
766	841	314	422	304
136	23	594	822	8
437	104	257	920	564
372	72	447	859	16

圖 4.30

4.5.2 指數平滑

指數平滑法,是市場預測方法中的一種。根據上一期實際數據和預測值,運用指數加權的方法計算指數平滑值,建立預測模型,進行預測。根據平滑次數不

同，指數平滑法可以分為一次指數平滑法和二次指數平滑法。其中，一次指數平滑法，根據預測對象本期的實際值和本期預測值，並為二者賦予不同的權重，計算出指數平滑值，作為下期預測值。公式為

$$S_{t+1}^1 = \alpha X_t + (1-\alpha) S_t^1 \qquad (3-1)$$

式中，S_{t+1}^1代表指數平滑值，也就是下一期的預測值，S_t^1代表本期的預測值，X_t代表本期實際值，α是平滑系數，其取值範圍為$0 \leq \alpha \leq 1$。

【例4.10】某公司2005—2014年的銷售量如表4.2所示，請用一次指數平滑法預測該公司的銷售量，假設$\alpha=0.3$（平滑系數，阻尼系數）。

表 4.2 　　　　　　　　2005—2014 年某公司銷售量表　　　　　　　　單位：萬臺

年份	2005	2006	2007	2008	2009	2010	2011	2012	2013	2014
銷售量	220	260	350	320	380	470	480	560	510	560

選擇「數據」→「數據分析」→「指數平滑」→「確認」，如圖4.31所示。彈出「指數平滑」分析對話框，鼠標拖動選定數據輸入區域，例如＄A＄2：＄K＄2。本例中平滑系數$\alpha=0.3$，故而阻尼系數為$1-\alpha$，其值為0.7。再選擇輸出區域，例如＄B＄3，選擇圖標輸出如圖4.42所示。點擊「確定」按鈕，即得指數平滑的預測分析。即可得到樣本中的預測值。如圖4.43所示。

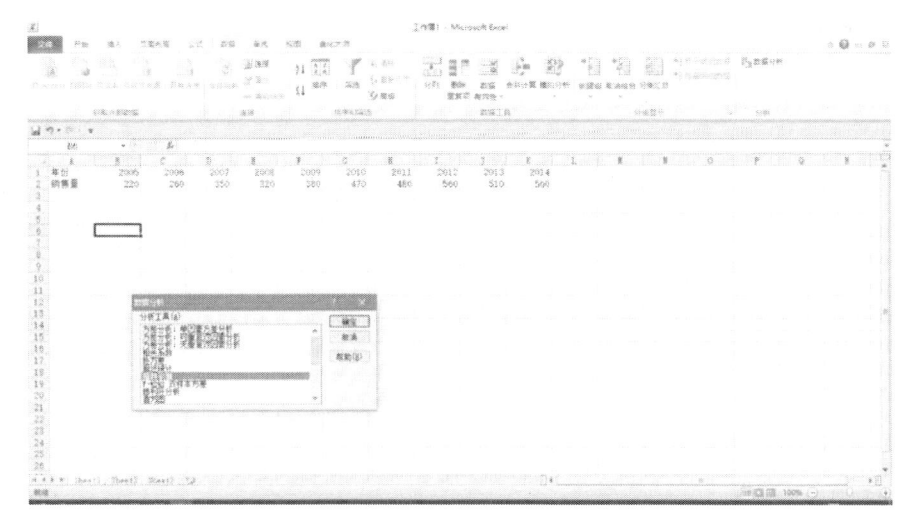

圖 4.31

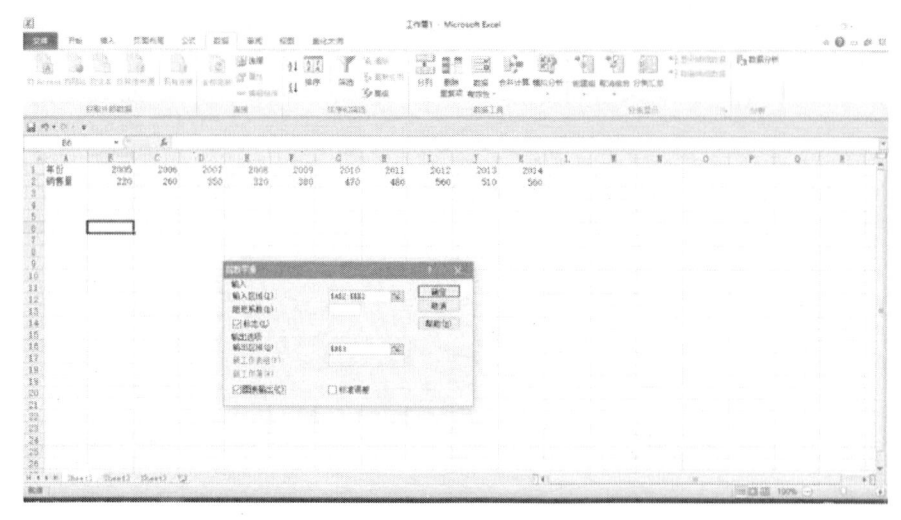

圖 4.32

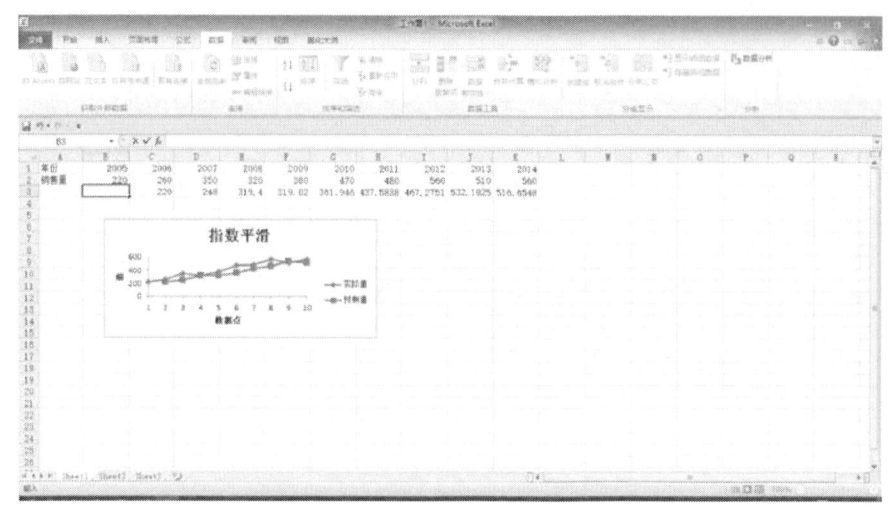

圖 4.33

4.6 本章小結

　　本章介紹了如何應用 Excel 軟件對市場調查數據進行簡單分析，從嚴格意義上來說，Excel 並不是專業的統計分析軟件。但由於其易於操作和普及性，在進行簡單的數據分析時，Excel 仍然可以發揮作用。本章第一節為 Excel 軟件介紹；第二節為單變量的集中程度分析分析，包括均值、中位數、眾數；第三節為單變量的離散程度分析，包括方差、頻率和四分位點內距；第四節為多變量的分析，包括相關分析、迴歸分析和方差分析；第五節介紹了其他常用的 Excel 操作指令，

通過本章學習，學生應掌握 Excel 簡單的數據分析操作指令。

練習與思考

1. 某公司銷售部門有 30 名員工，根據他們的工作表現發放績效工資，發放的工資金額如表 4.3 所示。請採用 Excel 相關指令，計算這組數據的平均數、眾數和中位數，並根據你的結果分析三者的不同。

表 4.3　　　　　　　　　銷售人員績效工資　　　　　　　　單位：元

12,000	18,000	6,000	8,000	10,000	15,000	15,000	21,000	8,000	6,000
30,000	15,000	10,000	12,000	6,000	20,000	10,000	15,000	8,000	24,000
25,000	10,000	12,000	15,000	18,000	10,000	15,000	25,000	30,000	18,000

2. 18 名同學市場調查與預測的期末考試成績分別為 92、68、78、83、84、64、72、86、75、64、82、88、76、65、90、87、91、85。請採用 Excel 相關指令，計算這組數據的方差、四分位點內距。並計算 60~70 分段、70~80 分段、80~90 分段以及 90 分以上的學生占比。

3. 現有某生產企業 2015 年的每月生產費用和產量，如表 4.4 所示。要求：①請採用 Excel 相關指令，分析生產費用和產量之間的相關關係；②請採用 Excel 相關指令，建立產量與生產費用之間的一元線性迴歸模型；③請採用 Excel 相關指令，計算這組數據的方差分析。

表 4.4　　　　　　　　　企業產量與生產費用數據

	1	2	3	4	5	6	7	8	9	10	11	12
產量（千件）x	42	40	50	55	65	116	130	140	125	100	84	78
生產費用（千元）y	152	136	155	140	150	167	175	175	180	170	165	154

3. 某晚會有 180 名嘉賓，每位嘉賓入場時都隨機領取了一張帶有序號的抽獎券。晚會設置了抽獎環節分別要從 180 名嘉賓中抽出 3 名三等獎、2 名二等獎和 1 名一等獎。請採用 Excel 相關指令，產生這組隨機數。

4. 某超市去年的銷量如表 4.5 所示，假設 $\alpha = 0.4$，請採用 Excel 相關指令，使用一次指數平滑法預測該公司 2016 年 1 月的銷售量。

表 4.5　　　　　　　　　某超市 2015 年銷量　　　　　　　　單位：萬元

月份	1	2	3	4	5	6	7	8	9	10	11	12
銷量	23	25	34	32	38	36	41	36	42	45	43	47

5 市場調研報告的撰寫與陳述

市場調研報告是對整個市場調研項目的總結和提升，為管理者決策提供依據。決策者或調研委託方往往會根據市場調研報告來判斷整個市場調研項目的質量。因此，表達準確、美觀大方的調研報告是研究者所追求的。

5.1 調研報告的注意事項

5.1.1 根據閱讀對象撰寫調研報告

如同市場行銷要根據目標客戶制定具體的行銷策略，調研報告也應該根據閱讀對象採取不同的表達方式。一般而言，調研報告的讀者分為兩種：專業技術人員和管理人員。前者關心的是過程，後者關心的是結果。

針對專業技術人員的報告，稱為專業性報告。這一類報告要詳細闡明調研目的、調研方法、抽樣方法、分析和預測的方法、數據來源以及結論與建議等。專業技術人員由此可以判斷結論的準確性和可行性。

針對管理人員的報告，稱為簡要報告。由於管理人員的時間精力有限，報告應該盡量簡化，強調分析結果、結論和建議。

5.1.2 完整性與簡潔性並存

一份優質的調研報告，既能為讀者提供所有的有效信息，同時又應該避免因為過多細節造成的報告冗餘。初學者所撰寫的調研報告，往往不願舍去任何收集到的資料，能夠達到完整性的標準；同時，由於大量的信息羅列或與主題無關的信息呈現，使得讀者不能理解報告的主要內容。此外，如果研究者使用的某些方法是讀者熟知的，也應該舍去。

5.1.3 結論必須有數據支

調研報告是管理決策的依據，管理人員往往只對調研報告的結論與建議感興趣，而不會去仔細推敲結論是否有充分的依據和合乎邏輯的推理。常見的結論錯誤有三種：

一種是人為的，市場調研項目的被委託方為了讓委託方更容易接受調研報告，會故意迎合委託方的口味。例如，某家飲料公司慾推出一款新的飲品，委託

市場調研公司進行市場需求調研，以判斷新飲品推廣的可行性。市場調研公司在溝通中察覺出飲料公司的總經理非常想上馬執行新飲料的推廣計劃。因此故意忽略對新飲料推廣不利的材料，做出新飲料上市後可以盈利的結論。

另一種是缺乏數據支撐，對數據粗心大意。例如，某銀行委託市場調研公司對銀行客戶滿意度進行調查，每月調查一次。市場調研公司發現，在服務人員態度這項指標上，5月份的客戶滿意度為86%，6月份的客戶滿意度為82%。因此做出服務人員態度下滑的結論。如果僅從指標數據的差別上做出這樣的結論，是不夠充分的。因為數據的差別可能來自於兩次調查樣本組成的不同，也可能來自於被訪者對態度的衡量標準不同。在這種情況下，對兩組數據做出方差分析後再下結論是更嚴謹的做法。

第三種是推理不合邏輯。研究者進行事物推斷時，通常基於兩種原理：相關推斷和類比推斷。相關推斷是指根據事物之間的相關關係，基於過去或當前的相關資料，結合個人經驗做出的推斷。類比推斷是指依據類比原理，把對象與其他相似事物放在一起加以對比分析，結合個人經驗做出的推斷。在人們對轉基因食品是否危害人體健康莫衷一是的時候，有一位專家發表了這樣的論斷：90天的小型豬喂養試驗顯示，轉BT基因抗蟲水稻與非轉基因大米對豬具有同樣的營養和安全性。由於在營養和毒理方面，豬胃腸道消化過程與人極為相似，可用於研究藥物在體內的動力學變化，而其生理性和雜食性與人的相似性，也有助於營養學的研究。因此，採用豬做試驗能更大程度反應出轉基因大米對人類食用的安全性。但是，專家的試驗結論卻引起民眾的廣泛質疑。一方面，民眾質疑實驗時間的長度；另一方面，專家使用的類比推斷也不合理。

5.2 調研報告的結構

雖然每一份調研報告在表達形式上有所不同，但根據讀者的閱讀習慣，調研報告有一定的格式規定。一份完整的調研報告可分為三大部分：前言、正文和附錄。下面我們以《××移動行銷實體片區優化項目》的調研報告為例，闡述一份完整的調研報告應該如何撰寫。

5.2.1 前言

前言由標題頁、目錄和摘要三部分構成。

（1）標題頁

標題頁（圖5.1）是調研報告獨立的一頁，說明報告題目、報告的提交對象、報告的撰寫者和報告的提供日期。圖示中的報告提供方是調研項目的委託方，報告的撰寫者是調研項目的被委託方，是諮詢公司提供的調研諮詢服務成果。對於企業內部調研，報告的提供對象是企業高層或者董事會，報告撰寫者是內部調研機構。對於特別正規的調研報告，在標題頁之前還要安排標題扉頁，該頁只寫調研報告標題。

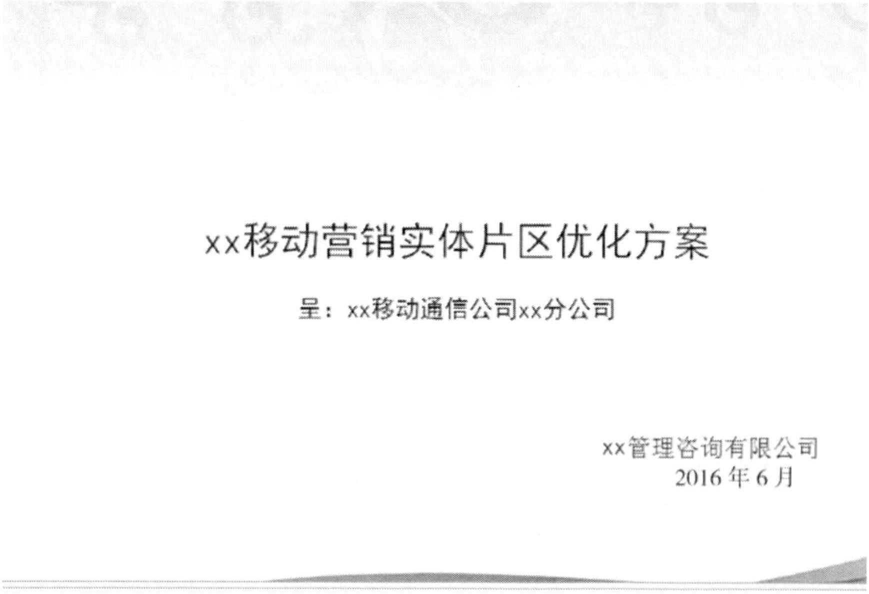

xx移动营销实体片区优化方案

呈：xx移动通信公司xx分公司

xx管理咨询有限公司
2016 年 6 月

圖 5.1

（2）目錄

目錄包含報告章節以及相應的頁碼，以便讀者查閱和理清報告邏輯。較短的報告可以只編寫第一層次的目錄，如圖 5.2 所示。一般的報告包含兩個層次的目錄。

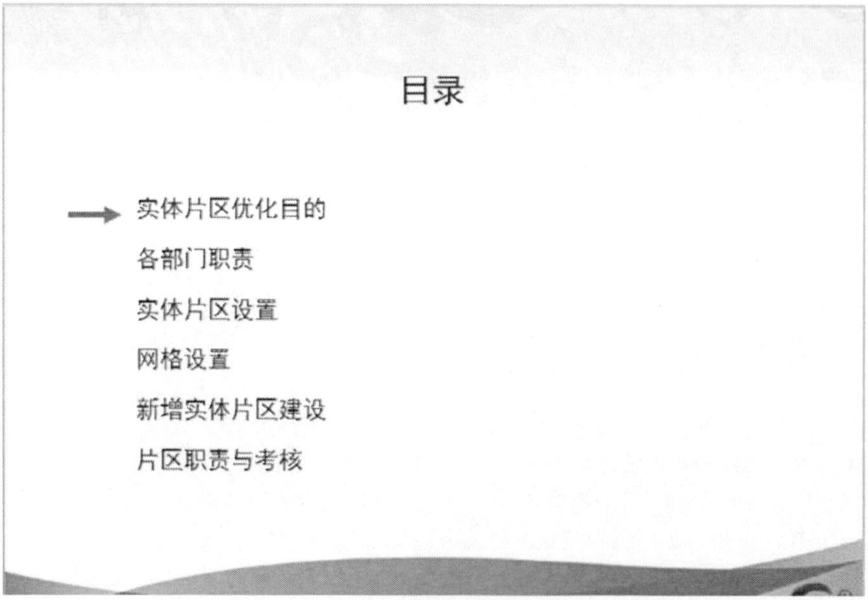

目录

→ 实体片区优化目的
各部门职责
实体片区设置
网格设置
新增实体片区建设
片区职责与考核

圖 5.2

(3) 摘要

摘要是報告的濃縮精華，很多高層管理者由於時間關係，往往只閱讀報告的摘要。一般而言，摘要包含四部分：①項目的目的；②得出最主要的結果；③結論；④建議。摘要當中的內容在正文中也有體現，但兩者不是簡單的重複。

5.2.2 正文

正文一般分為引言、調研過程簡述、結果和結論建議四部分。

(1) 引言

引言說明本次調研的背景，為什麼要開展這次市場調研，本次調研旨在解決什麼問題等。

示例5-1　××移動行銷實體片區優化報告：研究背景和目的

一、片區的發展歷程

片區是在區域化管理思想的指導下，構建的行銷服務單位。有的叫做虛擬片區和實體片區，有的叫做服務行銷中心，有的叫做行銷中心。名稱不一，但含義一致，都是把服務行銷職能從縣公司層面劃分到一個更小的單元，從而能更加靈活，貼近市場。

區域化管理即「區域化服務行銷與屬地化管理掌控」，是對區縣分公司所轄市場以「服務行銷職能重心下移」「貼近客戶，提高工作效率」為原則，細分為若干服務行銷行銷中心，行銷中心內集合營業、服務、客戶發展與維繫、集團客戶行銷、渠道管理等多種功能，形成的一個能夠支撐各種經營策略和行銷活動落地執行的平臺。區域化管理實質上是精細管理思想的體現。

從2003年開始，中國移動在全國31個省市逐步推進區域化管理，其他營運商則啓動較晚。比如中國鐵通，2007年以《細化區域經營部經營管理，努力實現企業效益最大化目標》獲得了當年的通信行業管理創新成果獎。

由於地理環境、經濟發展等要素不同，各省市的移動公司區域化程度也不相同。就目前的情況而言，A省移動區域化成熟度相對較高：渠道發展時間早，片區經理以及渠道經理對自己的崗位職責清晰，並且片區內有良好的溝通機制等，諸多因素遠遠領先於其他省份。而區域化成熟度更高的省市，比如重慶，已經在片區化的基礎上實行網格化管理，片區內各角色被賦予新的工作職責，由網格經理來負責其網格內的社會渠道、集團客戶維護和拓展。

二、××移動片區現狀

在A省移動地市公司中，××移動片區化建設相對較晚，但是發展迅速。目前硬件設施、人員配置和管理體系基本到位，處於加強基礎管理，提高管理效益的階段。××移動下屬5個分公司，40個片區，其中鄉鎮片區35個，大部分片區採用1+1模式，部分採用1+2模式，並且有在全市統一採取1+1模式的傾向。

其他同省兄弟公司，由於市場環境和經濟結構不同，所以在片區組建模式上與××移動略有不同。比如成都移動片區覆蓋面更大，實體片區管理人員數量更多（城區片區：最低標準為1+2，最高標準為1+5；鄉鎮片區：最低標準為1+1，最

高標準為1+4），硬件投入更多。××通信市場的基礎是農村市場和打工經濟，所以××移動的片區組建模式基本符合當地情況。

現行的片區管理體系，可以支撐片區正常運轉，但是仍然存在一些問題：片區人員流失率高，素質良莠不齊；片區人員在崗位職責的劃分不明確；市公司對片區人員的考核沒有一個明確的規範性指導製度，各區縣考核執行力度不一；對片區人員的過程難以監控考核；片區人員重行銷輕服務，主動意識差；片區人員對集團客戶或渠道商的支撐力度不夠等問題。

另外，隨著業務種類的與日俱增，全業務營運以來日趨激烈的市場競爭，加之中國移動的農村發展策略，對於產品推銷技巧、產品行銷計劃、經銷商輔導管理，市場分析與行銷策劃、現場促銷與實施、片區員工管理激勵等具體的工作技能被大量需求。

2015年1月13日中國移動召開2015年工作會議，中國移動總裁王建宙在會議中表示「規模推動TD建設營運，提高發展效果」是2015年工作的重中之重。中國移動在會上共提出六項目標：①規模推進TD-SCMDA建設營運，提高發展效果。王建宙著重強調，要探索行銷新路，通過雙模終端推動2G用戶向3G用戶轉移。②打造差異化競爭優勢，增強可持續經營能力。其中包括要加強集團客戶市場和家庭市場產品開發和拓展工作，實現集團客戶的價值提升。③優化營運商與營運模式以及優化增長結構，保持發展質量和盈利能力。對於2G與3G市場，王建宙表示，中國移動既要維繫好現有市場，又要著力拓展新增長領域，逐步改善過度依賴新增用戶話務增長的發展模式。④加快建設創新型企業，推進形成創新發展局面。⑤切實加強精細管理和基礎管理，著力提升管理效益。⑥統籌內外發展關係，保持穩健和諧的發展環境。

因此，不論是××移動「止於至善」的企業內在需要，還是不斷變化的外部環境，××移動現有片區管理體系都需要優化，以達到提升片區管理效率和效果的目的，適應市場需求。為此，××移動首先需要解決以下幾個問題：

1. 優化後的片區管理模式是什麼樣的？
2. 優化後片區人員應該如何配置？
3. 優化後片區人員應該做什麼，如何做，如何考核？

（2）調研過程簡述

調研過程簡述是對調查時間、地點、對象、資料收集方法和抽樣方法等作出比較詳細的解析。目的是通過細節說明調研的可靠性與可行度。示例5-2節選了××移動行銷實體片區優化報告的部分內容。

示例5-2　××移動行銷實體片區優化報告：調查過程簡述

本次調研主要採用人員訪談，訪談對象包括××移動直屬分公司總經理、市場部經理、渠道管理人員；直屬分公司片區主管、市場代表及渠道代理商；××移動Y分公司總經理、市場部經理、渠道管理人員；Y分公司片區主管、市場代表及渠道代理商。

三、工作計劃安排

本次訪談擬拜訪直屬分公司和 Y 分公司。每個公司拜訪對象均包括總經理、市場部經理、渠道管理人員、片區主管、市場代表和渠道代理商。拜訪時間初步計劃直屬分公司在 12 月 29 日，Y 分公司在 12 月 30 日。具體見表 5.1：

表 5.1

序號	訪談對象	訪談時間
1	直屬分公司總經理	12 月 29 日上午
2	直屬分公司市場部經理	12 月 29 日上午
3	直屬分公司渠道管理人員	12 月 29 日上午
4	直屬分公司片區主管	12 月 29 日下午
5	直屬分公司市場代表	12 月 29 日下午
6	直屬分公司渠道代理商	12 月 29 日下午
7	Y 分公司總經理	12 月 30 日上午
8	Y 分公司市場部經理	12 月 30 日上午
9	Y 分公司渠道管理人員	12 月 30 日上午
10	Y 分公司片區主管	12 月 30 日下午
11	Y 分公司市場代表	12 月 30 日下午
12	Y 分公司渠道代理商	12 月 30 日下午

四、訪談內容

為了瞭解各片區的管理現狀，本次訪談主要包括以下幾個方面的內容：①營銷服務中心的渠道和集團客戶的管理現狀；②片區主管當前的工作職責，他們對於集團客戶的重視情況；③片區主管考核指標構成情況；④客戶經理的職責和考核內容，考核權重的合理性；⑤渠道對於當前管理狀況和培訓效果的意見反饋；⑥市場代表的工作內容和考核指標的合理性；⑦對於客戶經理工作手冊和市場代表手冊的初步意見。

五、訪談目標

本次訪談擬達成以下目標：瞭解直屬分公司和 Y 公司的管理現狀，並作為樣本進行分析；瞭解直屬分公司和 Y 公司各層員工對於當前管理問題的看法；瞭解片區主管或客戶經理相關的考核指標體系，為改進考核指標做準備；瞭解渠道商對當前管理狀況和培訓效果的意見和建議；瞭解市場代表的考核指標，為改進考核指標做準備；形成初步的客戶經理工作手冊和市場代表手冊改進意見。

（3）結果和結論

調查結果是調查報告的主體部分，主要是將調查收集的信息以圖表的形式進行展示和說明。有時候，研究人員還需要對圖表所隱含的趨勢、關係等加以客觀的描述和分析。相對於結果而言，結論更帶有研究人員的分析和主觀意見。對於

同一個結果，不同的研究人員可能有不同的結論。例如，市場調研顯示，對於一個新產品，64%的被訪者表示願意購買，25%的被訪者表示視情況而定，11%的被訪者表示不願意購買。樂觀的研究人員會得出新產品可以上市的結論，保守的研究人員會要求做第二輪市場調研。示例5-3節選了××移動行銷實體片區優化報告的部分內容。

示例5-3　××移動行銷實體片區優化報告：調研分析與結論

- 公司在片區發展模式選擇上思想不統一：2005年公司推行片區化以來，公司片區發展歷程表現為：片區數量增多片區規模減小，「縮小管理寬度，加大行銷深度」也是片區優化的原則。但由於出現片區建設成本增多、管控難度加大等問題，在公司內部對片區發展模式的選擇仍存爭議，有傾向於片區不斷細化，也有傾向於合併片區的呼聲。片區發展模式的選擇是一個戰略問題，戰略上的問題公司上下需保持高度一致，否則必然會帶來行動上的不協調。
- 對片區人員的職責沒有建立統一的認識：公司領導層面認為片區人員工作相對簡單、工作較輕鬆，薪酬待遇超過了其工作難度和工作量；員工層面認為工作繁雜、任務指標太重、工作壓力大，公司對基層的支撐不夠。
- 各片區人員工作量差異較大，人員容易產生情緒。根據每人負責的網點數量和每人負責的集團客戶數量兩個指標，各片區人員工作量差異較大。
- 片區未發揮應有的作用。片區對村級渠道和社區渠道的開拓未發揮應有的作用；資源的下沉作用未完全體現，主要是宣傳物料等沒有配送到位；片區對渠道網點和集團客戶的支撐不夠；片區對市場信息的分析能力較弱，對區域市場的行銷策劃和開拓能力較弱。
- 片區一線隊伍建設有待整合強化。片區人員素質，特別是片區主管素質有待提升；片區主管應在片區團隊建設和團隊激勵中發揮更大的作用；片區主管往往礙於情面，在市場代表或客戶經理的績效評定中打人情分，使得考核不能反應人員真實情況；1+2模式下，客戶經理的績效指標由集團客戶部下達，但是表現由片區主管評定，內部職權有待明確；縣公司層面相關主管的管理水平對片區的影響較大。
- 片區員工手冊需要進一步完善。由於日趨激烈的市場競爭、日益劇增的業務種類、收入增加點的變化以及中國移動戰略目標，片區人員應該掌握以下技能，並且這些技能需要在員工手冊中體現：產品推銷技巧、產品行銷計劃、經銷商輔導管理、信息資料管理、現場促銷與實施、信息收集與分析、團隊激勵。
- 片區考核體系不健全。全市未建立統一的片區考核製度；考核製度重行銷輕服務；無法對片區人員的一些行為過程進行考核；集團客戶在片區主管的績效考核中權重與貢獻不當。

（4）建議

對於市場調研報告而言，可以不提供建議。對於諮詢報告，必須提供建議，並且建議是報告的重要價值。隨著調研市場的激烈競爭，研究人員也會主動在調研報告中提出意見。根據結論和委託方現狀，就如何改進問題提出建議。

示例5-4　××移動行銷實體片區優化報告：員工工作職責建議（見表5.2~表5.4）

表5.2　　　　　　　　　　片區經理工作職責建議

序號	工作職責	含義
1	服務質量管理	通過走訪渠道商家和集團客戶，抽查市場代表和客戶經理的服務質量，及時處理渠道商家和客戶投訴，確保渠道商家和客戶的滿意度
2	市場推廣	對於上級下達的目標和要求，負責組織、落實公司各種行銷方案；對於片區範圍內市場行銷、宣傳活動的策劃、組織與現場管理
3	渠道管理	負責安排、督導市場代表開展對社會渠道、一村一店的拓展、維護、支撐等渠道管理工作，確保片區內渠道穩定率、專營率、首推率、可控率等渠道管理目標的達成
4	集團客戶服務管理	負責安排、督導片區客戶經理或行銷經理開展對集團客戶的行銷服務工作。保證按時完成上級下達的各項集團行銷服務任務
5	人力資源管理	負責本片區團隊建設工作，營造良好團隊氛圍，通過團隊協作，達成各項工作目標；採用激勵、培訓等手段提升片區成員能力，提高成員工作效率和對公司的歸屬感
6	信息收集與分析	負責監督本片區渠道信息和集團客戶信息的收集管理，對片區基礎信息承擔執行職責
7	培訓與會議	通過會議或培訓的方式，形成片區內良好的溝通機制，培訓內容包括客戶服務需求、服務操作規範、服務操作技巧、服務工具、服務注意事項等
8	日常管理	負責監管本片區日常安全、費用、投訴、考勤、紀律等基礎管理工作，確保片區各項工作正常、有序、高效的開展

表5.3　　　　　　　　　　片區客戶經理建議職責

序號	工作職責	含義
1	客戶拓展	負責發展新的集團客戶和大客戶，挖掘異網客戶
2	客戶關懷	負責定期上門拜訪客戶，多方式關心客戶，積極挽留有離網意向的客戶
3	客戶行銷	針對客戶現實需求和潛在需求及時進行多方式的業務推廣及終端行銷，及時促成業務辦理、資格審核和開通
4	客戶投訴處理	負責受理客戶投訴，及時溝通，積極協調處理，跟蹤反饋處理結果
5	客戶拜訪	通過客戶走訪，達到客戶關懷、信息收集、行銷宣傳等目的，加強與客戶的溝通
6	信息收集	負責收集並分析片區客戶基礎信息、銷售信息、競爭信息等，形成報告上報
7	營運分析	分析片區內集團客戶的消費情況，通過經分系統、集團客戶預警系統掌握集團客戶動態

表5.3(續)

序號	工作職責	含義
8	日常管理	負責目標管理、信息管理、資源管理、生活管理等，負責緊急事件處理

表5.4　　　　　　　　　　　片區市場代表工作職責建議

序號	工作職責	含義
1	渠道拓展	根據渠道拓展部署，負責片區渠道網點的開發，達到優化片區渠道結構、提高渠道覆蓋率的目的
2	渠道監控	負責片區渠道的實地監督維護，保證渠道正常運作符合規範
3	渠道促銷	根據公司促銷安排，實施渠道促銷；根據片區競爭情況或渠道商的意見，策劃並實施渠道促銷
4	渠道培訓	組織合作商、直銷員的培訓，及時、準確傳達公司政策，解答渠道商疑問
5	渠道投訴處理	負責受理重要客戶的投訴，協助渠道成員解決客戶投訴
6	渠道拜訪與維護	通過渠道拜訪，達到渠道監控、信息收集等目的，加強與渠道商家的溝通
7	信息收集	負責收集並分析片區渠道基礎信息、銷售信息、競爭信息等，形成報告上報
8	營運分析	分析片區內渠道商家的營運情況，負責績效指標的分解和掌控
9	日常管理	信息管理、資源管理、生活管理等，負責緊急事件處理

5.2.3　附錄

附錄是指市場研究報告正文中沒有包含或者沒有提及，但是與正文有關、必須附加說明的部分。這部分通常有調查提綱、調查問卷和觀察記錄表，還包括調查報告中引用的數據資料、統計報表、研究方法的詳細說明。附錄的目的是說明調研的科學性以及數據資料的可靠性，同時避免了過多細節模糊主題和讓讀者厭煩。因此，讀者可以根據自己的需要，選擇性地閱讀附錄。

示例5-5　××移動行銷實體片區優化報告：附錄一

廣安移動區縣分公司總經理訪談提綱
適用對象：直屬分公司總經理、岳池分公司總經理
訪談提綱：

1. 你好，下面將對你關於行銷服務中心的管理做一次訪談。我們知道，行銷服務中心是最接近市場的移動組織，是為了更好地貼近顧客、提高效率的一種方式，所以如何發揮好它的作用至關重要，請你介紹一下，你分公司行銷服務中心管理的基本情況。

2. 據我們的瞭解，廣安移動集團客戶的收入占比達到了 1/3，集團客戶的重要性日益凸顯，這就要求我們必須做好兩方面的工作：一是集團客戶的管理，二是客戶經理的管理，請你介紹一下目前客戶經理管理的相關情況。

3. 片區基礎管理的核心是對人員的管理，比如對市場代表及片區主管的管理，請你描述一下片區主管及市場代表的崗位職責。

4. 請你介紹一下你分公司片區人員的考核現狀。你認為如何才能更好地通過考核發揮崗位人員工作的積極性？

5. 請你介紹一下你分公司片區人員的人員選拔及培訓現狀。

5.3 市場研究報告的陳述與演示

除了提交書面報告，大部分情況下，委託方還要求對研究成果進行口頭匯報。口頭匯報形式生動，可以加深聽眾對報告的理解和印象；結構靈活，可以根據聽眾的興趣對報告內容進行詳細闡述或者省略；溝通效率高，對於聽眾有問題的地方，可以當面解答。口頭報告還可以召集多名相關人員共同參加，達到橫向溝通的目的。經過共同探討，還能達到頭腦風暴的效果。

5.3.1 陳述和演示的準備

（1）匯報提綱

匯報提綱應包含調研報告的主要部分和重要發現，其順序可能和調研報告有所不同。為了引起聽眾的興趣，可以採用倒敘的模式，先演示結果再講解過程。

（2）可視化材料

可以將調研報告生成 PPT 格式文件或者 PDF 格式文件，方便講解人將報告投影到屏幕上。口頭報告應盡量使用圖表進行闡述，可採用色彩、聲音、動畫等手段引起聽眾對關鍵部分的注意力。

（3）調研報告的複印件

由於口頭報告會省略很多細節，因此，可以向聽眾提供調研報告的複印件。

5.3.2 演示與陳述的注意事項

（1）事前準備。做好演示與陳述的關鍵，在於充分的事前準備。首先，陳述人要瞭解聽眾。有哪些人會聽取口頭匯報，他們的職位、文化水平和興趣愛好。其次，陳述人要瞭解陳述和演示的內容。哪些是報告的重點，哪些部分可能引起聽眾的興趣，哪些地方可能會有聽眾提問。並且，陳述人還要能熟練使用各種媒體工具進行演示，特別是 PowerPoint。

（2）過程控制。在陳述與演示過程中，陳述人的儀表儀態、著裝語言等因素都會影響聽眾對報告內容的理解。陳述人還應注意每段內容的時間長度，避免詳略不當。此外，陳述人要注意與聽眾的眼神交流，獲取聽眾感興趣的信號。

（3）結束後的溝通反饋。在陳述結束之後，要給聽眾留下一段時間進行提問和解答。在出現意見分歧時，既要善於堅持自己的意見，同時也要注意謙虛和善

的態度。如果確實是自己一方出現錯誤，要勇於承認並提出修正意見。陳述方需要對整個溝通過程進行記錄，並形成會議紀要。特別是要記錄雙方已經達成一致的意見和需要改進的地方，並且根據會議紀要完善調研報告。

5.4　本章小結

本章介紹了如何撰寫市場調研報告以及如何進行報告陳述。市場調研報告的撰寫有很多技巧和風格，本書總結了常見商業調研報告的撰寫規律。第一節介紹了報告撰寫的注意事項；第二節介紹了常見的報告格式；第三節介紹了報告的陳述和演示。

練習與思考

1. 市場調研報告的內容構成是什麼？
2. 調研報告的摘要包含哪些內容？
3. 調研報告的正文包含哪些內容？
4. 進行陳述和演示的注意事項是什麼？
5. 結合本章內容和調研數據撰寫市場調研報告。

6 市場調查與預測實訓考核

課程考核作為實訓課程的必要環節，其規範性和標準性往往被人忽略。一個好的考核製度，不但是對學生表現的激勵，同時也是對課程的提升和完善。

6.1 課程考核方案

6.1.1 考核方案說明

（1）本考核方案依據《市場調查與預測實訓教學大綱》和《市場調查與預測實訓指導書》編寫而成。

（2）本考核方案旨在提升課程實訓效果、鼓勵學生積極參與和幫助教師全面客觀地考核學生。

（3）本考核方案是對結果的考核，也是對過程的考核。考核依據包括學生在各個實驗完成的成果，即市場調研綜合實踐中各階段成果，也包括學生在整個市場實訓中的參與積極性、團隊合作、工作態度等。

（4）本考核方案是對學生的360度全方位考核，包括指導教師打分和學生互評。

（5）本考核方案立足於實際。考核指標參考了企業在選擇市場調研公司時的評價指標，以及委託企業對各階段成果的評價指標。

6.1.2 考核指標

課程考核指標如表6.1所示：

表6.1　　　　　　　　　　考核指標體系

一級指標	二級指標	考核標準	分值	評價分值	考核人與考核方式
1.實訓過程得分（25分）	1-1 團隊紀律	學生在實訓期間的出勤情況，是否有遲到早退或者缺勤的現象	5分		由同一模擬企業學生互評進行評級
	1-2 工作任務	學生在模擬企業的工作分工以及工作完成情況，工作量是否合理以及工作職責承擔	10分		由同一模擬企業學生互評進行評級
	1-3 團隊合作	學生在模擬企業的合作情況，能否與他人共同完成任務，支持協助他人	10分		由同一模擬企業學生互評進行評級

表6.1(續)

一級指標	二級指標	考核標準	分值	評價分值	考核人與考核方式
2. 調研方案得分(10分)	2-1 調研方案可行性	調研方案所提出的調研計劃是否易於操作、數據收集是否容易等	5分		由教師評判學生調研方案進行評級
	2-2 調研方案經濟性	調研方案所提出的調研計劃在經費方面是否節約	5分		由教師評判學生調研方案進行評級
3. 調研問卷得分(15分)	3-1 問卷完整性	問卷是否包含了所有要調查的問題	5分		由教師評判學生調研問卷進行評級
	3-2 問卷邏輯性	問卷的順序安排、題目選擇等是否具有邏輯	5分		由教師評判學生調研問卷進行評級
	3-3 問卷通俗易懂	問卷在文字表達和題型選擇上是否合理簡潔	5分		由教師評判學生調研問卷進行評級
4. 調研報告得分(50分)	4-1 調研報告提交及時	能否在教師規定的時間內提交調查報告	5分		由教師評判學生調研報告進行評級
	4-2 調研報告格式	所提交的調查報告格式是否符合規範	5分		由教師評判學生調研報告進行評級
	4-3 調研報告分析與建議	調查報告分析是否深刻準確、是否與調查內容吻合等	20分		由教師評判學生調研報告進行評級
	4-4 調研報告陳述	調查報告陳述是否條理清晰、儀表儀態大方得體等	20分		由教師評判學生調研報告進行評級

6.1.3 考核細則

各項指標的考核細則如表6.2~表6.5所示：

表6.2　　　　　　　　　　實訓過程各項指標細則

	等級	說明
1-1 團隊紀律	A (1.0)	所有課程均按時出席、沒有遲到早退
	B (0.8)	所有課程缺勤1次，遲到或早退2次記為缺勤1次
	C (0.6)	所有課程缺勤1次以上，3次以內；遲到或早退2次記為缺勤1次
	D (0.4)	所有課程缺勤3次以上
1-2 工作任務	A (1.0)	工作量飽滿，工作難度大
	B (0.8)	工作量適中，工作難度一般
	C (0.6)	工作量較少，難度一般；或者工作量適中，無難度
	D (0.4)	工作量較少，並且工作無難度

表6.2(續)

	等級	說明
1-3 團隊 合作	A（1.0）	積極主動協調團隊成員，主動配合隊員工作需求，能夠聽取隊友意見並主動分享工作經驗
	B（0.8）	被動協助他人工作，被動聽取他人意見
	C（0.6）	對團隊安排和協助他人事宜推諉，態度消極
	D（0.4）	不能聽從團隊安排和隊友意見，容易與隊友發生衝突

表 6.3　　　　　　　　　　調研方案各項指標細則

	等級	說明
2-1 調研 方案 可行性	A（1.0）	調研方案目的明確，對抽樣方法、調查方法、時間進度等方面充分分析與論證
	B（0.8）	調研方案目的明確，分析全面但是缺乏可行性論證材料
	C（0.6）	調研方案目的明確，分析不全面或者所提出的抽樣方法、調查方法等難以實現
	D（0.4）	調研方案目的模糊，所提出的調研思路和調研方法等不能解決問題
2-2 調研 方案 經濟性	A（1.0）	調研方案所提出的調研方法、抽樣設計等，是能夠解決問題的最經濟方案
	B（0.8）	調研方案能從經濟效益出發，制定調研方法、抽樣設計等
	C（0.6）	調研方案缺乏對成本節約的考慮
	D（0.4）	調研方案完全沒有考慮成本節約

表 6.4　　　　　　　　　　調研問卷各項指標細則

	等級	說明
3-1 問卷 完整性	A（1.0）	問卷所設置的問題能夠完全覆蓋調研目的需要解決的內容，並且基本沒有冗餘問題
	B（0.8）	問卷所設置的問題能夠完全覆蓋調研目的需要解決的內容，但是有大量冗餘問題
	C（0.6）	問卷所設置的問題能夠基本覆蓋調研目的需要解決的內容，但是遺漏了個別內容
	D（0.4）	問卷設置的問題有遺漏，沒有詢問與調研目的密切相關的內容
3-2 問卷 邏輯性	A（1.0）	問卷邏輯性強、條理清晰，選擇題選項沒有交集、沒有遺漏
	B（0.8）	問卷順序安排合理，選擇題選項有交集或者有遺漏
	C（0.6）	問卷順序安排得當，有跳問錯誤，選擇題選項有交集或者有遺漏
	D（0.4）	問卷邏輯混亂，邏輯錯誤

表6.4(續)

等級		說明
3-1 問卷通俗易懂	A (1.0)	問卷題型設置合理,文字通俗易懂
	B (0.8)	問卷題型設置合理,文字含糊不清、詞語過於專業性
	C (0.6)	問卷題型設置合理,題項含糊不清或者具有引導性
	D (0.4)	問卷題型不合理,問卷表達晦澀難懂、語義有歧義

表 6.5　　　　　　　　　　調研報告各項指標細則

等級		說明
4-1 調研報告提交及時	A (1.0)	調研報告準時提交
	B (0.5)	調研報告未能按時提交
4-2 調研報告格式	A (1.0)	報告格式完整、美觀大方
	B (0.8)	報告格式完整,排版、色彩、圖表等安排不合理
	C (0.6)	報告格式不完整,過多的文字表達,缺乏圖表
	D (0.4)	報告格式不完整,缺少重要內容
4-3 調研報告分析與建議	A (1.0)	全面深刻地分析調查問卷結果,結論與分析吻合,能夠提出合理化建議
	B (0.8)	全面地分析調查問卷結果,結論與分析結果不吻合
	C (0.6)	全面地分析調查問卷結果,無法提出合理化建議
	D (0.4)	只是簡單地分析了問卷,沒有結論和建議,不能對分析中出現的問題提出合理解釋
4-4 調研報告口頭陳述	A (1.0)	儀表儀態大方得體、熟悉報告內容、陳述生動形象、能夠回答聽眾提問
	B (0.8)	舉止得當、比較熟悉報告內容、陳述流暢、勉強能夠回應聽眾提問
	C (0.6)	照本宣科地陳述報告、與聽眾沒有眼神交流、難以回答聽眾提問
	D (0.4)	非常不熟悉報告內容,不能對報告進行闡述,無法回答聽眾提問

6.2　考核實施

市場調查與實訓考核的實施由指導教師組織學生共同完成,在實施課程考核中要把握好以下方面的內容:

6.2.1　實訓成果

(1) 市場調查與預測實訓考核方案所指的實訓成果是指浙科市場調研模擬教學軟件實驗管理模塊中,三個階段的實驗成果:①第一階段實訓成果為市場調研

方案；②第二階段實訓成果為調研問卷；③第三階段實訓成果為市場調研報告。

（2）實訓成果的提交方式為：市場調研方案和調研問卷由學生在浙科市場調研模擬教學軟件上完成，指導教師在教學軟件上審閱；市場調研報告由學生撰寫後提交紙質文檔，並進行口頭陳述。

（3）實訓成果的提交格式：市場調研方案和調研問卷沒有格式要求；市場調研報告由學生使用 PowerPoint 軟件撰寫。

（4）實訓成果的提交日期：市場調研方案和調研問卷在上機實驗結束前提交；市場調研報告在上機結束後四周內提交。

6.2.2 實訓時間安排

（1）學生上機實驗，指導教師根據學生實驗進度審閱市場調研方案和調研問卷，並予以指正。指導教師完成該部分的實驗成果評分。

（2）上機實驗結束四周內，學生提交市場調研報告，並由指導教師組織學生進行調研報告會，評定該部分的實驗成果。

（3）報告會結束時，學生完成互評工作。

（4）指導教師於三周內完成每位學生的實訓綜合成績，並完成課程材料。

6.2.3 課程材料

在實訓結束後，指導教師需要整理課程材料，作為課程質量的保障。課程材料包括：

（1）實訓教學大綱。實訓教學大綱是對實訓的指導意見和實訓安排綱要，包括實訓目的、實訓計劃、實訓流程、實訓內容等。

（2）實訓成果。實訓成果是學生完成實訓課程的依據，市場調研方案和調研問卷由系統自動保存，調研報告由學生向指導教師提交紙質文檔。教師評定成績後，調研報告移交給學院實驗中心。

（3）學生考勤。學生考勤是學生課程成績的參考標準。在學生互評時，指導教師可以公布學生考勤，作為課程成績中學生紀律的打分依據。

（4）課程總結。課程總結是考核體系的最後環節。教師通過總結瞭解學生實訓效果和實訓課程存在的問題，為課程的改進完善提供參考資料。課程總結主要報告三個方面：①市場調查與預測實訓課程的開展情況。不管預案如何完善，每一次實訓都可能有新的情況出現。指導教師通過記錄開展情況，可以摸索規律，為下一次實訓做準備。②學生實訓過程表現，包括學習態度、出勤、學習積極性等。如表 6.6 所示。③學生課程成績分析，總結課程存在的問題和改進的方向。如表 6.7 所示。

表 6.6　　　　　　　　　學生實訓過程記錄表

出勤到課情況	好□	良□	一般□	差□
課堂紀律	好□	良□	一般□	差□
時間進度	好□	良□	一般□	差□
學習積極性	好□	良□	一般□	差□
學習效果	好□	良□	一般□	差□
考風、考紀	好□	良□	一般□	差□

表 6.7　　　　　　　　　學生課程成績分析

90~100 分		80~89 分		70~79 分		60~69 分		50~59 分		50 分以下	
人數	百分比	人數	百分比	人數	百分比	人數	百分比	人數	百分比	人數	百分比
5	13.89%	18	50%	12	13.3%	0	0	1	27.8%	0	0

6.3　本章小結

　　本章介紹了指導教師和學生為了獲得高質量的實訓成果，需要完成哪些工作。第一節是實訓考核體系，為指導教師評定實訓成績提供了參考意見，讓學生瞭解成績如何構成。第二節是實訓結束後的相關工作，為指導教師完善實訓課程提供分析思路，讓學生瞭解實訓成果的界定和提交。

練習與思考

　　1. 模擬企業成員討論現有考核體系有哪些不足。
　　2. 是否需要設置互評成績？如何使互評成績做到公平公正？

附錄 1　學生自信心與學習興趣程度

學生編號	學生自信心程度	學習興趣程度
1	3	9
2	3	11
3	4	9
4	3	8
5	3	8
6	3	9
7	3	9
8	4	11
9	4	11
10	3	6
11	3	8
12	4	11
13	3	8
14	3	8
15	3	13
16	1	8
17	4	12
18	3	10
19	3	9
20	4	7
21	3	11
22	4	11
23	2	8
24	2	6
25	2	11
26	4	13
27	4	9

续表

学生编号	学生自信心程度	学习兴趣程度
28	1	11
29	3	4
30	4	5
31	3	12
32	3	9
33	3	9
34	4	11
35	3	11
36	3	9
37	1	6
38	3	11
39	4	11
40	1	7
41	3	11
42	3	8
43	4	9
44	4	11
45	3	8
46	3	7
47	1	9
48	3	10
49	2	8
50	4	9
51	3	8
52	4	11
53	3	8
54	2	5
55	4	11
56	1	8
57	3	10
58	2	4
59	4	10
60	3	8
61	3	9

續表

學生編號	學生自信心程度	學習興趣程度
62	3	8
63	4	3
64	3	9
65	4	10
66	3	7
67	3	9
68	2	7
69	1	8
70	3	7
71	2	3
72	3	6
73	3	5
74	4	6
75	2	9
76	3	6
77	3	8
78	3	9
79	2	5
80	3	8
81	3	9
82	3	7
83	3	5
84	3	9
85	4	4
86	4	5
87	4	11
88	3	6
89	3	8
90	4	13
91	4	13
92	2	3
93	2	3
94	3	12
95	3	9

續表

學生編號	學生自信心程度	學習興趣程度
96	3	8
97	3	8
98	4	9
99	3	6
100	3	7
101	3	5
102	3	11
103	2	8
104	3	11
105	1	8
106	2	8
107	1	8
108	1	13
109	3	9
110	1	9
111	3	7
112	3	11
113	3	8
114	1	8
115	3	5
116	3	11
117	3	8
118	1	9
119	3	10
120	3	7
121	3	9
122	1	6
123	3	9
124	1	11
125	4	11
126	3	11
127	3	6
128	3	7
129	3	10

續表

學生編號	學生自信心程度	學習興趣程度
130	3	6
131	3	7
132	3	9
133	2	7
134	2	6
135	3	8
136	3	6
137	3	7
138	3	9
139	3	7
140	3	6
141	3	8
142	3	9
143	2	5
144	3	8
145	3	9
146	3	7
147	3	5
148	3	9
149	4	4
150	4	5
151	4	11
152	3	6
153	3	8
154	4	13
155	4	13
156	2	3
157	2	3
158	3	12
159	3	9
160	3	8
161	3	9
162	1	8
163	1	9

續表

學生編號	學生自信心程度	學習興趣程度
164	2	3
165	3	10
166	3	9
167	3	8
168	3	8
169	3	5
170	2	6
171	4	10
172	3	10
173	4	7
174	3	13
175	3	11
176	4	10
177	4	4
178	3	10
179	3	9
180	3	9
181	3	10
182	1	11
183	3	9
184	3	8
185	3	7
186	3	11
187	3	9
188	3	11
189	3	7
190	4	13
191	3	8
192	3	14

國家圖書館出版品預行編目(CIP)資料

市場調查與預測實訓教程 / 呂小宇 主編. -- 第一版.
-- 臺北市：崧燁文化，2018.08

　面；　公分

ISBN 978-957-681-460-0(平裝)

1.市場調查 2.市場預測

496.3　　　　107012785

書　名：市場調查與預測實訓教程
作　者：呂小宇 主編
發行人：黃振庭
出版者：崧燁文化事業有限公司
發行者：崧燁文化事業有限公司
E-mail：sonbookservice@gmail.com
粉絲頁　　　　　　網　址：
地　址：台北市中正區重慶南路一段六十一號八樓815室
8F.-815, No.61, Sec. 1, Chongqing S. Rd., Zhongzheng Dist., Taipei City 100, Taiwan (R.O.C.)
電　話：(02)2370-3310　傳　真：(02) 2370-3210
總經銷：紅螞蟻圖書有限公司
地　址：台北市內湖區舊宗路二段121巷19號
電　話：02-2795-3656　傳真：02-2795-4100　網址：
印　刷：京峯彩色印刷有限公司（京峰數位）

　　本書版權為西南財經大學出版社所有授權崧博出版事業股份有限公司獨家發行電子書繁體字版。若有其他相關權利及授權需求請與本公司聯繫。

定價：250 元
發行日期：2018 年 8 月第一版
◎ 本書以POD印製發行